# 土工试验实训教程

主　编　卢军燕
副主编　杨泽华

黄河水利出版社
·郑州·

## 内 容 提 要

本书依据现有规范、标准及工程技术动态，以实用为原则进行编写，内容结合实际，可操作性强。主要内容包括：土样的采集和管理、土样的制备、土工室内试验、现场原位试验、基桩静载试验、土工综合技能训练及良好职业道德的培养等。

本书为土木工程、道路与铁道工程、工程监理等专业的本科、专科生的试验教学用书，也可供工程技术人员阅读参考。

**图书在版编目(CIP)数据**

土工试验实训教程/卢军燕主编．—郑州：黄河水利出版社，2013．12

ISBN 978－7－5509－0650－1

Ⅰ．①土…　Ⅱ．①卢…　Ⅲ．①土工试验　Ⅳ．①TU41

中国版本图书馆 CIP 数据核字(2013)第 297711 号

策划编辑：王志宽　电话：0371－66024331　E-mail：wangzhikuan83@126.com

出 版 社：黄河水利出版社　网址：www.yrcp.com

地址：河南省郑州市顺河路黄委会综合楼 14 层　邮政编码：450003

发行单位：黄河水利出版社

发行部电话：0371－66026940、66020550、66028024、66022620(传真)

E-mail：hhslcbs@126.com

承印单位：河南承创印务有限公司

开本：787mm×1 092 mm　1/16

印张：10.5

字数：243 千字　印数：1—3 100

版次：2013 年 12 月第 1 版　印次：2013 年 12 月第 1 次印刷

定价：30.00 元

# 前 言

土力学是一门实践性很强的专业技术基础课程，它是利用力学知识和土工试验技术来研究土的强度、变形、渗透等规律性的一门学科。土工试验是土力学理论教学的重要实践教学环节。本书主要依据中华人民共和国行业标准《公路土工试验规程》（JTG E40—2007）和《土工试验方法标准》（GB/T 50123—1999），并结合工程实践经验和教材特点编制而成。本书首先从土工实验室质量控制着手，使大家了解实验室质量控制的操作要点。其次，详细讲解了土样的采集和管理，对于土工试验而言，土样的采集和管理对试验过程和试验数据的准确性起着至关重要的作用；此外，本书还对土工室内试验和室外试验进行了具体而细致的讲解。土工室内试验主要包括土的基本指标的检测、颗粒分析试验、土的物理状态指标的测定、土的最大干密度和最优含水率的确定、压缩性指标和抗剪强度指标的测定。土工室外试验部分主要针对目前工程中常用的现场原位测试和基桩静载试验进行了全面细致的讲解。通过上述试验，可以使学生熟悉各种仪器设备在试验项目中的使用方法，加深同学们对理论知识及土工试验原理的理解，掌握土工试验操作技能，同时提高学生的动手能力及分析问题、解决问题的能力，为今后实际工程的设计和施工奠定坚实的基础。

本书最后谈到了土工综合技能训练的相关内容，该内容首次与职业道德内容联系在一起，对学生进行了职业道德修养方面的相关教育，这样不仅能帮助学生加快校园生活到工作的过渡，而且能为实现角色的成功转变起到良好的推动作用。

本书由河南理工大学万方科技学院卢军燕编写第一章、第二章和第四章第二～六节，由郑州职业技术学院杨泽华编写第三章和第四章第一节，由黄河水利职业技术学院王玉珏编写第五章和第六章，由黄河水利职业技术学院李丹编写第七章。

由于编者水平有限，书中难免有不当之处，敬请读者批评指正。

**编 者**

2013 年 10 月

# 前 言

# 目　录

# 第一章　绪　论

## 第一节　土工试验的意义

土是与各种工程建筑关系密切,而且地壳上分布较为广泛的建筑材料。土可以作为建筑物的天然地基和介质。土力学是一门实践性很强的专业基础课程,是从力学与工程的角度研究土的性质的一门学科,即土力学是利用力学知识和土工试验技术,研究土的物理、化学和力学性质及土体在荷载、水、温度等外界因素作用下的工程性质的应用科学。在工程实践,比如堤坝、桥梁、斜坡路基、港口码头等各类工程的兴建过程中,涉及许多岩土问题。合理地解决这些问题需要科学的程序,即勘测与测试、试验与分析、利用土力学的理论设计计算、施工并对施工过程及使用时期进行监测,用监测数据反过来指导设计计算。如果各项岩土参数测试不正确,那么不管设计理论和方法如何先进、合理,工程的精度仍然得不到保证,所以土工试验是从根本上保证岩土工程设计的精确性及经济合理的手段,也是岩土工程规划和设计的前期工作。

土工试验是土力学课程学习的重要环节,也是今后从事岩土工程设计、研究以及工程施工不可缺少的环节,岩土工程设计所需要的参数是由设计合理、条件相似、方法和操作正确的土工试验所提供的。土工试验不仅在岩土工程中起着十分重要的作用,而且在土力学理论的研究和发展过程中起着决定性的作用。例如摩尔－库仑强度理论、达西定律、土的压实理论等土力学理论都是在试验基础上得出的结果;通过试验建立起来的土的非线性应力—应变关系及应力路径的描述,又使岩土工程性质的分析工作得以提高到新的水平。可以说,土工试验在工程实践中是以土力学理论为指导的,而土力学理论的研究又是以土工试验为依据而得以发展的。

土工试验的意义就在于正确取得土和岩石的物理、力学性质指标,以供设计计算、施工时使用。但是,由于土是由土粒、水和气体三相组成的复杂材料,其性质受到土的密度、含水率、颗粒大小及孔隙水中的化学成分等多种因素的影响。当土体与建筑物共同作用时,其力学性质又因受力状态、应力历史、加荷速率和排水条件的不同而变得更加复杂。目前,在解决土工问题时,尚不能像其他力学学科一样具备系统的理论和严密的数学公式,而必须借助经验、现场试验及室内试验辅以理论计算。在试验时,若要考虑所有因素的影响是有一定困难的,因此必须抓住主要因素加以简化,并依此建立试验原理。

根据试验原理设计试验方法时,试验方法往往有许多,例如土的强度试验、土的压缩试验。究竟采用何种试验方法,必须根据工程实际情况、土的受力条件、土的性质确定,否则,就会由于试验方法不当而使试验指标出现误差。试验时又由于试样的数量有限不能完全代表土的性质、在取样和运输过程中土样的扰动、试验时的条件简化、试验人员的熟练程度不同等情况,使试验结果与工程实际有一定的偏差。

因此,为了达到试验本身的意义,正确取得土的物理、力学性质指标,使土工试验能够比较正确地反映实际土的性质,试验人员必须掌握土工试验基本理论、基本知识和基本技能。

## 第二节　土工试验项目

土工试验大致分为两大部分,分别是从现场采取土样送至实验室做的室内试验和在现场直接测定的原位测试试验。本书将对这两部分内容进行详细介绍。

### 一、室内土工试验

室内土工试验分为土的物理性试验和力学性试验两大类。

#### (一)土的物理性试验

土的物理性试验包括含水率试验、密度试验、比重试验、相对密度试验、颗粒分析试验等。这些试验主要用于土的工程分类及对土的状态的判断(见表 1-1)。

**表 1-1　土的物理性试验**

| 种类 | 试验项目 | 试验结果 | 成果的应用 |
| --- | --- | --- | --- |
| 土的物理性试验 | 含水率试验 | 含水率($\omega$) | 计算土的基本物理性质指标 |
| | 界限含水率试验<br>液限试验<br>塑限试验<br>收缩试验 | 液限($\omega_L$)<br>塑限($\omega_P$)<br>塑性指数($I_P$)<br>液性指数($I_L$)<br>缩限($\omega_S$)<br>收缩比<br>体缩<br>线缩 | 利用塑性图进行土的工程分类,判定土的状态 |
| | 密度试验 | 土的密度<br>土的干密度 | 计算土的基本物理性质指标及土的压实性 |
| | 比重试验 | 土粒比重 | 计算土的基本物理性质指标 |
| | 相对密度试验<br>最大孔隙比<br>最小孔隙比 | 相对密度<br>最小干密度<br>最大干密度 | 判定砂砾土的状态 |
| | 颗粒分析试验<br>筛分析<br>沉淀法分析 | 颗粒大小分布曲线<br>有效粒径<br>不均匀系数<br>曲率系数 | 用于土的工程分类及作为材料的标准 |

#### (二)土的力学性试验

土的力学性试验包括击实试验、压缩固结试验、直接剪切试验、无侧限抗压强度试验和三轴剪切试验等,主要是为工程直接提供设计参数(见表 1-2)。

表 1-2　土的力学性试验

| 种类 | 试验项目 | 试验结果 | 成果的应用 |
| --- | --- | --- | --- |
| 土的力学性试验 | 击实试验<br>CBR 试验 | 含水率与干密度曲线<br>最大干密度<br>最优含水率<br>CBR 值 | 用于填土工程施工方法的选择和质量控制<br>用于路面设计 |
| | 压缩固结试验<br>剪切试验<br>直接剪切试验<br>无侧限抗压强度试验<br>三轴剪切试验 | 孔隙比与压力曲线:压缩系数,体积压缩系数,压缩指数,回弹指数,先期压力<br>时间与压缩曲线:固结系数,抗剪强度参数,内摩擦角,黏聚力<br>抗压强度:灵敏度<br>应力—应变关系:内摩擦角,黏聚力,孔隙水压力系数 | 计算黏性土体的沉降量<br>计算黏性土体的沉降速率<br>计算地基、斜坡、挡土墙的稳定性 |

## 二、现场原位试验

现场原位试验是指在实际建筑工程场地的原位应力条件下,对土体的特性进行现场测试的方法。原位试验主要分为压实度试验、标准贯入试验、十字板剪切试验、静力触探试验、动力触探试验、载荷试验和旁压试验等。

# 第二章　土样的采集和管理

## 第一节　工程勘察知识

工程勘察是根据建设工程的要求，查明、分析、评价建设场地的地质、环境特征和土的工程条件，编制勘察文件的活动。它具有明确的工程针对性。其中，地质、环境特征和岩土工程条件是勘察工作的对象，主要指土的分布和工程特征、地下水的储存及其变化、不良地质作用和地质灾害等。勘察工作的任务是查明情况、提供数据、分析评价和提出处理建议，以保证工程安全，提高投资效益。因此，各项工程建设在设计和施工之前，必须按基本建设程序进行工程勘察。

### 一、工程勘察阶段的划分

场地是指工程建筑所处的和直接使用的土地，而地基则是指场地范围内直接承载建筑物基础的土体。建筑物的工程勘察宜分阶段进行，一般划分为：

(1)可行性研究勘察(或称选择场址勘察)。应符合选择场地方案的要求，对拟建场地的稳定性或适宜性作出评价。

(2)初步勘察。应符合初步设计的要求，对场地内拟建建筑地段的稳定性作出评价。

(3)详细勘察。应符合施工图设计的要求，对建筑地基作出岩土工程评价。

(4)施工勘察。对场地条件复杂或有特殊要求的工程宜进行施工勘察，以解决施工中的工程地质问题。

场地较小且无特殊要求的工程可合并勘察阶段。当建筑物平面布置已经确定且场地或其附近已有岩土工程资料时，可根据实际情况直接进行详细勘察。

各勘察阶段的任务、要求、勘察方法以及具体细则，如勘探线、勘探点的布置、勘探孔的深度、取样数量等，详见《岩土工程勘察规范》(GB 50021—2001)(2009 版)。

### 二、工程勘察等级

工程建设项目的岩土工程勘察任务、工作内容、勘察方法、工作量的大小等，取决于工程的技术要求和规模、工程的重要性、建筑场地和地基的复杂程度等因素。

(1)根据工程的规模和特征以及由于岩土工程问题造成工程破坏或影响正常使用的后果，可分为三个工程重要性等级。

①一级工程：重要工程，后果很严重。

②二级工程：一般工程，后果严重。

③三级工程：次要工程，后果不严重。

(2)根据场地复杂程度，可分为三个场地等级。

①一级工程(复杂场地)。

②二级工程(中等复杂场地)。

③三级工程(简单场地)。

(3)根据地基复杂程度,可分为三个地基等级。

①一级地基(复杂地基)。

②二级地基(中等复杂地基)。

③三级地基(简单地基)。

(4)《岩土工程勘察规范》(GB 50021—2001)(2009版)根据工程重要性等级、场地复杂程度等级和地基复杂程度等级,按下列条件划分岩土工程勘察等级。

①甲级。在工程重要性、场地复杂程度和地基复杂程度等级中有一项或多项为一级。

②乙级。除勘察等级为甲级和丙级以外的勘察项目。

③丙级。工程重要性、场地复杂程度和地基复杂程度等级均为三级。

另外,建筑在岩质地基上的一级工程,当场地复杂程度等级和地基复杂程度等级均为三级时,岩土工程勘察等级可定为乙级。

## 三、地基勘察方法

岩土工程勘察中,可采取的勘察方法有工程地质测绘与调查、勘探、原位测试与室内试验等。《建筑地基基础设计规范》(GB 50007—2011)对不同地基基础设计等级建筑物的地基勘察方法、测试内容提出了不同的要求:设计等级为甲级的建筑物应提供载荷试验指标、抗剪强度指标、变形参数指标和触探资料;设计等级为乙级的建筑物应提供抗剪强度指标、变形参数指标和触探资料;设计等级为丙级的建筑物应提供触探及必要的钻探和土工试验资料。

### (一)工程地质测绘与调查

工程地质测绘与调查的目的是通过对场地的地形地貌、地层岩性、地质构造、地下水与地表水、不良地质现象等进行调查研究与必要的测绘工作,为评价场地工程条件及合理确定勘探工作提供依据。对建筑场地的稳定性和适宜性进行研究是工程地质调查和测绘的重点问题。

工程地质测绘与调查宜在可行性研究或初步勘察阶段进行。在可行性研究阶段收集资料时,宜包括航空照片、卫星相片的翻译结果。详细勘察时,可在初步勘察测绘和调查的基础上对某些专门地质问题(如滑坡、断裂等)作必要的补充调查。

### (二)勘探

勘探是地基勘察过程中查明地质情况的一种必要手段,它是在工程地质测绘和调查的基础上,进一步对场地的工程地质条件进行定量的评价。常用的勘探方法有坑探、钻探、触探和地球物理勘探等。

1.坑探

坑探是在建筑物场地挖深井(槽)以取得直观资料和原状土样,这是一种不必使用专门机具的常用的勘探方法。当场地的地质条件比较复杂时,利用坑探能直接观察地层的结构变化,但坑探可达的深度较浅。探井的平面形状为矩形或圆形。探井的深度不宜超过地下水位,一般为 3 ~4 m。较深的探坑应支护坑壁以保证安全。图 2-1 为坑探示意图。

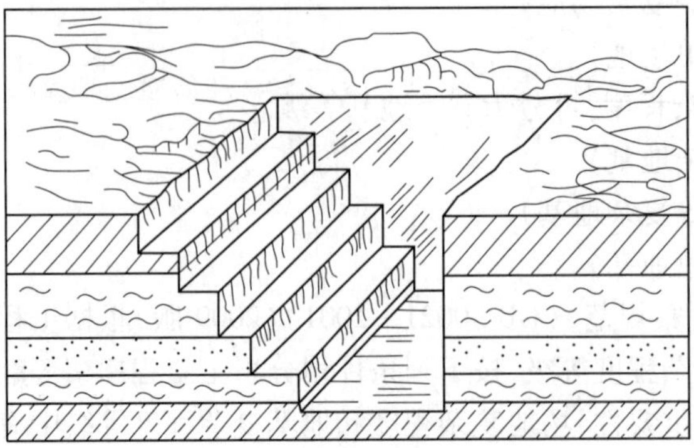

图 2-1　坑探示意图

2. 钻探

钻探是用钻机在地层中钻孔,以鉴别和划分地层,观测地下水位,并可沿孔深取样,用以测定岩石和土层的物理力学性质。此外,土的某些性质也可直接在孔内进行原位测试。

钻探方法一般分回转式、冲击式、振动式和冲洗式四种。回转式是利用钻机的回转器带动钻具旋转,磨削孔底地层而钻进。通常使用管状钻具,能取柱状岩芯标本。冲击式是利用钻具的重力和向下冲击力使钻头击碎孔底地层形成钻孔后以抽筒提取岩石碎块或扰动土样。振动式是将振动器高速振动所产生的振动力,通过连接杆及钻具传到圆筒形钻头周围土中,使钻头依靠钻具和振动器的重量进入土层。冲洗式则是在回转钻进和冲击钻进的过程中使用了冲洗液。《岩土工程勘察规范》(GB 50021—2001)(2009 版)根据岩土类别和勘察要求给出了各种钻探方法的适用范围。

另外,对浅部土层的勘探可采用人力钻,如小口径麻花钻(或提土钻)、小口径勺形钻、洛阳铲等。

3. 触探

触探是通过探杆用静力或动力将金属探头贯入土层,并量测能表征土对触探头贯入的阻抗能力的指标,从而间接地判断土层及其性质的一类勘探方法和原位测试技术。作为勘探手段,触探可用于划分土层,了解地层的均匀性,但应与钻探等其他勘探方法配合使用,以取得良好的效果;作为测试技术,则可估计地基承载力和土的变形指标。

触探分为静力触探和动力触探。

1)静力触探

静力触探试验是用静力匀速将标准规格的探头压入土中,利用电测技术同时量测探头阻力,测定土的力学特性,具有勘探和测试双重功能。它适用于软土、一般黏性土、粉土、砂土和含少量碎石的土。

静力触探设备的核心部分是触探头。探头按结构分为单桥探头、双桥探头或带孔隙水压力量测的单、双桥探头。触探杆将探头匀速贯入土层时,探头通过安装在其上的电阻应变片可以测定土层作用于探头的锥尖阻力和侧壁阻力。

单桥探头所测到的是包括锥尖阻力和侧壁阻力在内的总贯入阻力 $Q$(kN),通常用比贯入阻力 $p_s$(kPa)表示,即

$$p_s = \frac{Q}{A} \tag{2-1}$$

式中　$A$——探头截面面积，$m^2$。

双桥探头则可同时分别测出锥尖总阻力 $Q_c$（kN）和侧壁总摩阻力 $Q_s$（kN），通常以锥尖阻力 $q_c$（kPa）和侧壁摩阻力 $f_s$（kPa）表示，即

$$q_c = \frac{Q_c}{A} \tag{2-2}$$

$$f_s = \frac{Q_s}{S} \tag{2-3}$$

式中　$S$——锥头侧壁摩擦筒的表面积，$m^2$。

根据锥尖阻力 $q_c$ 和侧壁摩阻力 $f_s$ 可计算同一深度处的摩阻比 $R_f$ 如下：

$$R_f = \frac{f_s}{q_c} \times 100\% \tag{2-4}$$

根据静力触探试验资料，可绘制深度 $z$ 与各种阻力的关系曲线（贯入曲线），包括 $p_s$—$z$ 曲线、$q_c$—$z$ 曲线、$f_s$—$z$ 曲线、$R_f$—$z$ 曲线。根据贯入曲线的线型特征，结合相邻钻孔资料和地区经验，可划分土层和判定土类；计算各土层静力触探有关试验数据的平均值，或对数据进行统计分析，提供静力触探数据的空间变化规律。另外，根据静力触探资料，利用地区经验，还可进行力学分层，估算土的塑性状态或密实度、强度、压缩性、地基承载力、单桩承载力、沉桩阻力，进行液化判别等。

2）*动力触探*

动力触探是将一定质量的穿心锤，以一定高度自由下落，将探头贯入土中，然后记录贯入一定深度的锤击次数，以此判别土的性质。动力触探设备主要由触探头、触探杆和穿心锤三部分组成。根据探头的形式不同，分为标准贯入试验和圆锥动力触探试验两种类型。

（1）标准贯入试验。标准贯入试验应与钻探工作相配合。其设备是在钻机的钻杆下端连接标准贯入器，将质量为 63.5 kg 的穿心锤套在钻杆上端组成的，如图 2-2 所示。

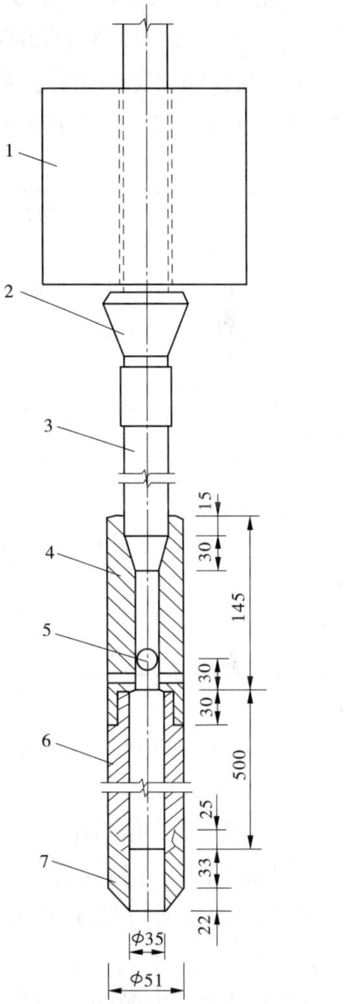


1—穿心锤；2—锤垫；3—触探杆；4—贯入器头；5—出水孔；6—由两半圆形管合成的贯入器身；7—贯入器靴

**图 2-2　标准贯入试验设备**

试验时，穿心锤以 76 cm 的落距自由下落，将贯入器垂直打入土层中 15 cm（此时不计锤击数），随后打入土层 30 cm 的锤击数即为标准贯入试验锤击

数 $N$。当锤击数已达 50 击,而贯入深度未达 30 cm 时,可记录 50 击的实际贯入深度,按下式换算成相当于 30 cm 的标准贯入试验锤击数 $N$,并终止试验。

$$N = 30 \times \frac{50}{\Delta s} \tag{2-5}$$

式中 $\Delta s$——50 击时的贯入度,cm。

试验后拔出贯入器,取出其中的土样进行鉴别描述。根据标准贯入试验锤击数 $N$,可对砂土、粉土和一般黏性土的物理状态、土的强度、变形参数、地基承载力、单桩承载力、成桩的可能性等作出评价。在《建筑抗震设计规范》(GB 50011—2010)中,以它作为判定砂土和粉土是否可液化的主要方法。但需指出,应用 $N$ 值时是否修正和如何修正,应根据建立统计关系时的具体情况确定。

(2)圆锥动力触探试验。依据锤击能量的不同分为轻型、重型和超重型三种,其规格和适用土类见表 2-1。其中轻型圆锥动力触探也称作轻便触探,其设备如图 2-3 所示。

**表 2-1 圆锥动力触探类型**

| 类型 | | 轻型 | 重型 | 超重型 |
|---|---|---|---|---|
| 落锤 | 锤的质量(kg) | 10 | 63.5 | 120 |
| | 落距(cm) | 50 | 76 | 100 |
| 探头 | 直径(mm) | 40 | 74 | 74 |
| | 锥角(°) | 60 | 60 | 60 |
| 探杆直径(mm) | | 25 | 42 | 50 ~ 60 |
| 指标 | | 贯入 30 cm 的读数 $N_{10}$ | 贯入 10 cm 的读数 $N_{63.5}$ | 贯入 10 cm 的读数 $N_{120}$ |
| 主要适用岩土 | | 浅部的填土、砂土、粉土、黏性土 | 砂土、中密以下的碎石土、极软岩 | 密实和很密的碎石土、软岩、极软岩 |

圆锥动力触探试验技术要求应符合下列规定:

①采用自动落锤装置。

②触探杆最大偏斜度不应超过 2%,锤击贯入应连续进行;同时防止锤击偏心、探杆倾斜和侧向晃动,保持探杆垂直度;锤击速率每分钟宜为 15 ~ 30 击。

③每贯入 1 m,宜将探杆转动一圈半;当贯入深度超过 10 cm 时,每贯入 20 cm 宜转动探杆一次。

④对轻型动力触探,当 $N_{10} > 100$ 或贯入 15 cm 锤击数超过 50 时,可停止试验;对重型动力触探,当连续三次 $N_{63.5} > 50$ 时,可停止试验或改用超重型动力触探。

根据圆锥动力触探试验指标和地区经验,可进行力学分层,评定土的均匀性和物理性质(状态、密实度)、土的强度、变形参数、地基承载力、单桩承载力,查明土洞、滑动面、软硬土层界面,检测地基处理效果等。其中,轻型动力触探试验由于设备简单轻便、操作方便,在工程中广为应用。

同样需指出,应用试验成果时是否修正或如何修正,应根据建立统计关系时的具体情况确定。

**(三)室内试验与原位测试**

在土工实验室或现场原位进行测试工作,可以取得土和岩石的物理力学性质和地下水的水质等技术指标。

室内试验项目应根据岩土类别、工程类别、工程分析计算要求确定。如对黏性土、粉土一般应进行天然密度、天然含水量、土粒相对密度、液限、塑限、压缩系数及抗剪强度(采用三轴仪或直剪仪)试验。

原位测试包括静载荷试验、旁压试验、十字板剪切试验、土的现场直接剪切试验、地基土的动参数测定、触探试验等。有时还要进行地下水位变化和抽水试验等测试工作。一般来说,原位测试能在现场条件下直接测定土的性质,避免试样在取样、运输以及室内试验操作过程中被扰动后导致测定结果的失真,因而其结果较为可靠。其中,旁压试验是利用放置在钻孔内的一个可扩张的圆柱形旁压器,通过控制装置对孔壁施加压力,测得土体的横向应力—应变关系曲线,从而得到较深处土层的变形模量和承载力。它实际上是在钻孔内进行的横向载荷试验。

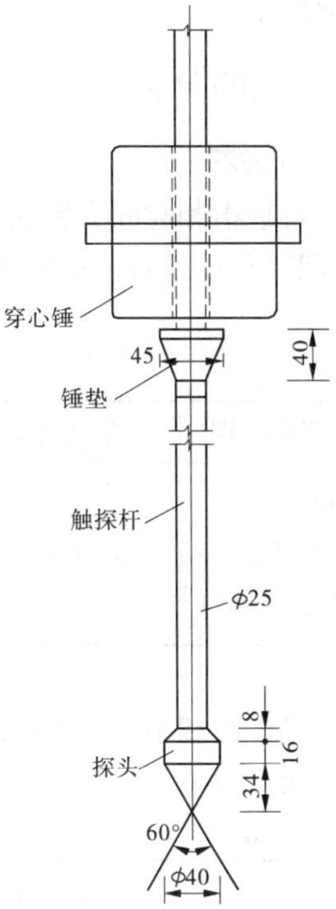

图 2-3　轻便触探试验设备

在已钻成的钻孔内进行试验的旁压仪称为预钻式旁压仪。由于钻孔不但使孔壁土体受扰动,同时也改变了孔壁土体的应力状态,使旁压试验结果失真。为了减少探头插入过程对土的扰动,保持土体的天然应力状态,20 世纪 70 年代又发展了自钻式旁压仪,就是在测试段的下部带有钻孔切削和冲洗设备,可以自行钻到试验部位,还可以测定土中的孔隙水压力,使旁压试验更趋完善。

# 第二节　土的野外定名及描述

在实际工程中,往往会遇到各种各样的土,不同的环境形成的土,其成分和工程性质差异很大。对土进行分类的目的就是根据工程实践经验,将工程性质相近的土归成一类并予以定名,以便于对其性质进行深入研究,为工程设计和施工提供依据。

地基土的工程分类是根据分类用途和土的各种性质的差异将其划分为一定的类别。其意义在于根据分类名称可以大致判断土的工程特性,评价土作为建筑材料的适宜性以及结合其他指标来确定地基的承载力等。

地基土的分类方法很多,我国不同行业根据其用途对土采用各自的分类方法。作为建筑地基的岩土,可分为岩石、碎石土、砂土、粉土、黏性土和人工填土六大类。

土的工程分类方法适用于各类工程用土,包括一般土和特殊土,不适用于混凝土所用砂、石料和有机土。因为混凝土中采用的砂、石料有其特殊要求,有机土一般不允许在工程中应用。

## 一、土的分类

### (一)岩石

岩石是指颗粒间牢固联结,形成整体或具有节理裂隙的岩体。根据其成因分为岩浆岩、沉积岩和变质岩。根据其坚硬程度划分为坚硬岩、较硬岩、较软岩、软岩和极软岩,见表 2-2。

**表 2-2　岩石坚硬程度的划分标准**

| 坚硬程度类别 | 坚硬岩 | 较硬岩 | 较软岩 | 软岩 | 极软岩 |
|---|---|---|---|---|---|
| 饱和单轴抗压强度标准值 $f_{rk}$(MPa) | $f_{rk}>60$ | $60\geqslant f_{rk}>30$ | $30\geqslant f_{rk}>15$ | $15\geqslant f_{rk}>5$ | $f_{rk}\leqslant 5$ |

当缺乏饱和单轴抗压强度资料或不能进行该项试验时,可在现场通过观察定性划分,划分标准见表 2-3。

**表 2-3　岩石坚硬程度的定性划分标准**

| 名称 | | 定性鉴定 | 代表性岩石 |
|---|---|---|---|
| 硬质岩 | 坚硬岩 | 锤击声清脆,有回弹,震手,难击碎;基本无吸水反应 | 未风化－微风化的花岗岩、闪长岩、辉绿岩、玄武岩、安山岩、片麻岩、石英岩、硅质砾岩、石英砂岩、硅质石灰岩等 |
| | 较硬岩 | 锤击声较清脆,有轻微回弹,稍震手,较难击碎;有轻微吸水反应 | 1. 微风化的坚硬岩<br>2. 未风化－微风化的大理岩、板岩、石灰岩、钙质砂岩等 |
| 软质岩 | 较软岩 | 锤击声不清脆,无回弹,较易击碎;指甲可刻出印痕 | 1. 中风化的坚硬岩和较硬岩<br>2. 未风化－微风化的凝灰岩、千枚岩、砂质泥岩、泥灰岩等 |
| | 软岩 | 锤击声哑,无回弹,有凹痕,易击碎;浸水后可捏成团 | 1. 强风化的坚硬岩和较硬岩<br>2. 中风化的较软岩<br>3. 未风化－微风化的泥质砂岩、泥岩等 |
| 极软岩 | | 锤击声哑,无回弹,有较深凹痕,手可捏碎;浸水后可捏成团 | 1. 风化的软岩<br>2. 全风化的各种岩石<br>3. 各种半成岩 |

岩石根据风化程度分为未风化、微风化、中等风化、强风化和全风化,见表 2-4。微风化的硬质岩石为最优良的地基。强风化的软质岩石工程性质差,这类地基的承载力不如

一般卵石地基承载力高。

表 2-4　岩石按风化程度分类

| 风化程度 | 坚硬程度分类 | |
|---|---|---|
| | 硬质岩石 | 软质岩石 |
| | 野外特征 | |
| 未风化 | 岩质新鲜，未见风化痕迹 | 岩质新鲜，未见风化痕迹 |
| 微风化 | 组织结构基本未变，仅节理面有铁锰质渲染或矿物略有变色，有少量风化裂隙 | 组织结构基本未变，仅节理面有铁锰质渲染或矿物略有变色，有少量风化裂隙 |
| 中等风化 | 组织结构部分破坏，矿物成分基本未变化，仅沿节理面出现次生矿物；风化裂隙发育，岩体被切割成 20 ~ 50 cm 的岩块；锤击声脆，且不易击碎；不能用镐挖掘，用岩芯钻方可钻进 | 组织结构部分破坏，矿物成分发生变化，节理面附近的矿物已风化成土状，风化裂隙发育，岩体被切割成 20 ~ 50 cm 的岩块；锤击易碎，用镐难挖掘，用岩芯钻方可钻进 |
| 强风化 | 组织结构已大部分破坏，矿物成分已显著变化，长石、云母已风化成次生矿物；裂隙很发育，岩体破碎，岩体被切割成 2 ~ 20 cm 的岩块，可用手折断，用镐可挖掘，干钻不易钻进 | 组织结构已大部分破坏，矿物成分已显著变化，含大量黏土质矿物；风化裂隙很发育，岩体被切割成碎块；干时可用手折断或捏碎，浸水或干湿交替时可较迅速地软化或崩解；用镐或锹可挖掘，干钻可钻进 |
| 全风化 | 组织结构已基本破坏，但尚可辨认，并且有微弱的残余结构强度；可用镐挖，干钻可钻进 | 组织结构已基本破坏，但尚可辨认，并且有微弱的残余结构强度；可用镐挖，干钻可钻进 |

## （二）碎石土

碎石土是指粒径大于 2 mm 的颗粒含量超过总质量 50% 的土。

碎石土根据土的粒径级配中各粒组含量和颗粒形状分为漂石、块石、卵石、碎石、圆砾和角砾，见表 2-5。

表 2-5　碎石土的分类

| 土的名称 | 颗粒形状 | 粒组含量 |
|---|---|---|
| 漂石 | 圆形及亚圆形为主 | 粒径大于 200 mm 的颗粒含量超过总质量 50% |
| 块石 | 棱角形为主 | |
| 卵石 | 圆形及亚圆形为主 | 粒径大于 20 mm 的颗粒含量超过总质量 50% |
| 碎石 | 棱角形为主 | |
| 圆砾 | 圆形及亚圆形为主 | 粒径大于 2 mm 的颗粒含量超过总质量 50% |
| 角砾 | 棱角形为主 | |

常见的碎石土强度高，压缩性小，渗透性大，为优良地基。其中，密实碎石土为优等地基，中密碎石土为优良地基，稍密碎石土为良好地基。

### （三）砂土

砂土是指粒径大于 2 mm 的颗粒含量不超过总质量 50%、粒径大于 0.075 mm 的颗粒含量超过总质量 50% 的土。

砂土根据粒组含量可分为砾砂、粗砂、中砂、细砂和粉砂，见表 2-6。

表 2-6　砂土的分类

| 土的名称 | 粒组含量 |
|---|---|
| 砾砂 | 粒径大于 2 mm 的颗粒含量占总质量 25% ~50% |
| 粗砂 | 粒径大于 0.5 mm 的颗粒含量占总质量 50% |
| 中砂 | 粒径大于 0.25 mm 的颗粒含量占总质量 50% |
| 细砂 | 粒径大于 0.075 mm 的颗粒含量占总质量 85% |
| 粉砂 | 粒径大于 0.075 mm 的颗粒含量占总质量 50% |

密实与中密状态的砾砂、粗砂、中砂为优良地基，稍密状态的砾砂、粗砂、中砂为良好地基。粉砂与细砂要具体分析：密实状态时为良好地基；饱和疏松状态时为不良地基。

### （四）粉土

粉土是指粒径大于 0.075 mm 的颗粒含量不超过总质量 50% 且塑性指数 $I_P \leqslant 10$ 的土。

粉土的性质介于砂土和黏性土之间，它具有砂土和黏性土的某些特征。不同地区的粉土中砂粒、粉粒、黏粒含量所占比例相差较大，因此工程特性也有所差别，但目前由于经验积累的不同和认识上的差别，尚难确定一个能被普遍接受的划分亚类标准。

密实的粉土为良好地基；饱和稍密的粉土，地震时易产生液化，为不良地基。

### （五）黏性土

黏性土是指塑性指数 $I_P > 10$ 的土。

根据黏性指数大小，黏性土分为粉质黏土和黏土，当 $10 < I_P \leqslant 17$ 时为粉质黏土，当 $I_P > 17$ 时为黏土。

黏性土的工程性质受土的成因、生成年代的影响很大。不同成因和年代的黏性土，即使某些物理性质指标很接近，但其工程性质可能相差很悬殊。因此，《岩土工程勘察规范》（GB 50021—2001）（2009 版）按土的沉积年代将黏性土分为老黏性土（第四纪晚更新世 $Q_3$ 及其以前沉积的黏性土）、一般黏性土（第四纪全新世 $Q_4$ 沉积的黏性土）和新近沉积黏性土（文化期以来新近沉积的黏性土）。

黏性土的工程性质与其含水率的大小密切相关。密实硬塑的黏性土为优良地基，疏松流塑状态的黏性土为软弱地基。

### （六）人工填土

人工填土是指由于人类活动而堆积的土，其成分复杂，均质性差。

人工填土根据组成与成因分为素填土、压实填土、杂填土和冲填土四类，如表 2-7

所示。

**表 2-7　人工填土按组成物质分类**

| 土的名称 | 组成物质 |
| --- | --- |
| 素填土 | 由碎石土、砂土、粉土、黏性土等组成 |
| 压实填土 | 经过压实或夯实的素填土 |
| 杂填土 | 含有建筑物垃圾、工业废料、生活垃圾等杂物 |
| 冲填土 | 由水力冲填泥砂形成 |

人工填土根据堆积年代分为老填土和新填土。通常黏性土堆填时间超过 10 年、粉土堆填时间超过 5 年的称为老填土，黏性土堆填时间少于 10 年、粉土堆填时间少于 5 年的称为新填土。

通常人工填土的工程性质不良，强度低，压缩性大且不均匀。其中，压实填土相对较好。杂填土因成分复杂，平面与立面分布很不均匀、无规律，工程性质较差。

**（七）特殊土**

特殊土是指在特定的地理环境下形成的具有特殊性质的土。它的分布一般具有明显的区域性，包括淤泥和淤泥质土、红黏土和次生红黏土、湿陷性土、膨胀土、多年冻土等。

1. 淤泥和淤泥质土

在静水或缓慢的流水环境中沉积，并经生物化学作用形成，其天然含水率大于液限（$\omega > \omega_L$）而天然孔隙比 $e \geqslant 1.5$ 的黏性土为淤泥；天然含水率大于液限（$\omega > \omega_L$）而天然孔隙比 $1.0 \leqslant e < 1.5$ 的黏性土或粉土为淤泥质土。

淤泥和淤泥质土的工程性质是压缩性高，强度低，透水性低，为不良地基。

2. 红黏土和次生红黏土

红黏土和次生红黏土为碳酸盐岩系的岩石经红土化作用形成的高塑性黏土。其液限 $\omega_L$ 一般大于 50%。红黏土经再搬运后仍保留其基本特征，其液限 $\omega_L$ 大于 45% 的土为次生红黏土。

红黏土和次生红黏土的工程性质是强度高，压缩性低，上硬下软，具有明显的收缩性。

3. 湿陷性土

浸水后产生附加沉降，其湿陷系数大于等于 0.015 的土为湿陷性土。根据上覆土自重压力下是否发生湿陷变形，湿陷性土可划分为自重湿陷性土和非自重湿陷性土。

4. 膨胀土

土中黏粒成分主要由亲水性矿物组成，同时具有显著的吸水膨胀和失水收缩特性，其自由膨胀率大于或等于 40% 的黏性土为膨胀土。

5. 多年冻土

多年冻土是指土的温度等于或低于 0 ℃，含有固态水，且这种状态在自然界连续保持 3 年或 3 年以上的土。当自然条件改变时，多年冻土会产生冻胀、融陷、热融滑塌等特殊不良地质现象及发生物理力学性质的改变。

## 二、土的鉴别和描述

### (一)土的简易鉴别法

简易鉴别法是用目测法代替筛析法确定土颗粒组成及其特征,用干强度、手捻、搓条、韧性和摇振反应等定性方法代替用仪器测定土的塑性。

1.有机土的判定

土的有机质可以按照《土工试验规程》(SL 237—1999)的规定,根据土中未完全分解的动植物残骸和无定形物质判定是有机土还是无机土,有机质呈黑色、青黑色或暗色,手触有弹性和海绵感。

2.粒组的判定

1)粒组的划分

天然土是由大小不同的颗粒组成的。随着土粒的粒径由粗变细,土的性质相应地发生很大的变化,如土的渗透性由大变小,由无黏性土变为有黏性土等。因此,工程中可用不同粒径颗粒的相对含量来描述土的颗粒组成情况。

土中不同粒径的土颗粒按适当的粒径范围划分为若干小组,称为粒组。划分粒组的分界尺寸称为界限粒径。划分时应使粒组界限与粒组性质的变化相适应。

目前土的粒组划分方法并不完全一致,表2-8提供的是一种常用的土粒粒组的划分方法。表中根据界限粒径(mm)200、20、2、0.075和0.005把土粒分为六大粒组:漂石(块石)颗粒、卵石(碎石)颗粒、圆砾(角砾)颗粒、砂粒、粉粒和黏粒。

**表2-8　土粒粒组划分**

| 粒组名称 | | 粒径范围(mm) | 一般特征 |
|---|---|---|---|
| 漂石或块石颗粒 | | >200 | 透水性很大,无黏性,无毛细水 |
| 卵石或碎石颗粒 | | 200~20 | |
| 圆砾或角砾颗粒 | 粗 | 20~10 | 透水性大,无黏性,毛细水上升高度不超过粒径大小 |
| | 中 | 10~5 | |
| | 细 | 5~2 | |
| 砂粒 | 粗 | 2~0.5 | 易透水,当混入云母等杂质时透水性减小而压缩性增加;无黏性,遇水不膨胀,干燥时松散,毛细水上升高度不大,随粒径变小而增大 |
| | 中 | 0.5~0.25 | |
| | 细 | 0.25~0.1 | |
| | 极细 | 0.1~0.075 | |
| 粉粒 | 粗 | 0.075~0.01 | 透水性小,湿时稍有黏性,遇水膨胀小,干时稍有收缩;毛细水上升高度较大较快,极易出现冻胀现象 |
| | 细 | 0.01~0.005 | |
| 黏粒 | | <0.005 | 透水性很小,湿时有黏性、可塑性,遇水膨胀大,干时收缩显著;毛细水上升高度大,但速度较慢 |

2)粒组的判定

在确定土粒粒组含量时，可以将研碎的风干试样摊成一薄层，目测估计土中巨、粗、细粒组所占的比例。试样中巨粒组质量大于总质量50%的为巨粒类土，15%～50%的为巨粒混合土，小于15%的可以按照粗粒土或细粒土的相应规定定名。

3. 干强度试验

将一小块土捏成土团风干后用手指掰断、捻碎。根据用力大小可区分为：

干强度高——很难或用力才能捏碎或掰断；

干强度中等——稍用力即可捏碎或掰断；

干强度低——易于捏碎或捻成粉末。

4. 手捻试验

将稍湿或硬塑的小土块在手中揉捏，然后用拇指和食指将土捻成片状。根据手感和土片光滑度可区分为：

塑性高——手感滑腻，无砂，捻面光滑；

塑性中等——稍有滑腻感，有砂粒，捻面稍有光泽；

塑性低——稍有黏性，砂感强，捻面粗糙。

5. 搓条试验

将含水率略大于塑限的湿土块在手中揉捏均匀，再在手掌上搓成土条。根据土条断裂而能达到的最小直径可区分为：

塑性高——能搓成直径小于1 mm的土条；

塑性中等——能搓成直径为1～3 mm的土条；

塑性低——能搓成直径大于3 mm的土条即断裂。

6. 韧性试验

将含水率略大于塑限的土块在手中揉捏均匀，然后在手掌中搓成直径为3 mm的土条，再揉成土团。根据再次搓条的可能性可区分为：

韧性大——能揉成土团，再搓成条，捏而不碎；

韧性中等——可再揉成团，捏而不易碎；

韧性小——勉强或不能揉成团，稍捏或不捏即碎。

7. 摇振反应试验

将软塑至流动的小土块捏成土球，放在手掌上反复摇晃，并用另一只手振动该手掌，土中自由水渗出，球面呈现光泽；用两手指捏土球，放松手水又被吸入，光泽消失。根据上述渗水和吸水反应快慢，可区分为：

反应快——立即渗水和吸水；

反应中等——渗水和吸水中等；

反应慢（无反应）——渗水和吸水慢（不吸不渗）。

**（二）土的简易鉴别分类**

巨粒土和粗粒土根据目测结果，按照表2-9～表2-11进行分类，细粒土可以根据上述简易试验结果按照表2-12分类。

**表 2-9　巨粒土和含巨粒土的分类**

| 土类 | 粒组含量 | | 土代号 | 土名称 |
| --- | --- | --- | --- | --- |
| 巨粒土 | 巨粒含量 75% ~100% | 漂石粒含量 >50% | B | 漂石 |
| | | 漂石粒含量≤50% | Cb | 卵石 |
| 混合巨粒土 | 50% <巨粒含量 <75% | 漂石粒含量 >50% | BSI | 混合土漂石 |
| | | 漂石粒含量≤50% | CbSI | 混合土卵石 |
| 含巨粒土 | 巨粒含量 15% ~50% | 漂石粒含量 >50% | SIB | 漂石混合土 |
| | | 漂石粒含量≤50% | SICb | 卵石混合土 |

**表 2-10　砾类土的分类**

| 土类 | 粒组含量 | | 土代号 | 土名称 |
| --- | --- | --- | --- | --- |
| 砾 | 细粒含量小于 5% | 级配:$C_u \geqslant 5, C_c = 1 \sim 3$ | GW | 级配良好的砾 |
| | | 级配:不同时满足上述要求 | GP | 级配不良的砾 |
| 含细粒土砾 | 细粒含量 5% ~15% | | GF | 含细粒土砾 |
| 细粒土质砾 | 15% <细粒含量≤50% | 细粒为黏土 | GC | 黏土质砾 |
| | | 细粒为粉土 | GM | 粉土质砾 |

**表 2-11　砂类土的分类**

| 土类 | 粒组含量 | | 土代号 | 土名称 |
| --- | --- | --- | --- | --- |
| 砂 | 细粒含量小于 5% | 级配:$C_u \geqslant 5, C_c = 1 \sim 3$ | SW | 级配良好的砂 |
| | | 级配:不同时满足上述要求 | SP | 级配不良的砂 |
| 含细粒土砂 | 细粒含量 5% ~15% | | SF | 含细粒土砂 |
| 细粒土质砂 | 15% <细粒含量≤50% | 细粒为黏土 | SC | 黏土质砂 |
| | | 细粒为粉土 | SM | 粉土质砂 |

**表 2-12　细粒土的简易分类**

| 半固态时的干强度 | 硬塑 - 可塑态时手捻感和光滑度 | 土在可塑态时 | | 软塑 - 流塑态时的摇振反应 | 土类代号 |
| --- | --- | --- | --- | --- | --- |
| | | 可搓成最小直径(mm) | 韧性 | | |
| 低 - 中 | 灰黑色,粉粒为主,稍黏,捻面粗糙 | 3 | 低 | 快 - 中 | MLO |
| 中 | 砂粒稍多,有黏性,捻面较粗糙,无光泽 | 2 ~3 | 低 | 快 - 中 | ML |

续表 2-12

| 半固态时的干强度 | 硬塑－可塑态时手捻感和光滑度 | 土在可塑态时 | | 软塑－流塑态时的摇振反应 | 土类代号 |
|---|---|---|---|---|---|
| | | 可搓成最小直径(mm) | 韧性 | | |
| 中－高 | 有砂粒,稍有滑腻感,捻面稍有光泽,灰黑色者为 CLO | 1～2 | 中 | 无－很慢 | CL<br>CLO |
| 中 | 粉粒较多,有滑腻感,捻面较光滑 | 1～2 | 中 | 无－慢 | MH |
| 中－高 | 灰黑色,无砂,滑腻感强,捻面光滑 | <1 | 中－高 | 无－慢 | MHO |
| 高－很高 | 无砂感,滑腻感强,捻面稍有光泽,灰黑色者为 CLO | <1 | 高 | 无 | CH<br>CLO |

**(三)土的状态描述**

在现场采样和试验开启土样时,应按下述内容描述土的状态。

1. 巨粒土和粗粒土

通俗名称及当地名称,土颗粒的最大粒径;漂石粒、卵石粒、砾粒,砂粒组的含量百分数;土颗粒形状(圆、次圆、棱角或次棱角),土颗粒矿物成分,土的颜色和有机物含量;细粒土成分(黏土或粉土)。

2. 细粒土

通俗名称及当地名称,土粒的最大粒径;巨粒、砾粒,砂粒组的含量百分数,潮湿时颜色及有机质含量;土的湿度(干、湿、很湿或饱和);土的状态(流动、软塑、可塑或硬塑);土的塑性(高、中或低)。

土的状态应根据不同用途按下列各项分别描述。

(1)当用作填土时:不同土类的分布层次和范围。

(2)当用作地基时:土类的分布层次及范围,土层结构,层理特征,密实度和稠度。

## 第三节　土样的包装与运输

原状土或需要保持天然含水率的扰动土,在取样之后,应立即密封取土筒,即先用蜡条封住取土筒上的所有缝隙,并在两端筒盖上用红漆写明“上、下”字样,以示土样上、下位置。在筒壁贴上“取样标签”,然后用纱布包裹,再浇注融蜡,以防水分散失。密封后的原状土在装箱之前应放于阴凉处,不需保持天然含水量的扰动土,最好风干稍加粉碎后装入袋中。土样装箱时,应与“取样记录”对照清点,无误后再装箱,并在记录簿存根上标明装入箱号。对原状土应按上、下部位将筒立放,木箱中筒间空隙宜用稻(麦)草或软物填紧,以免在运输过程中受振、受冻。木箱上应编号并写明“小心轻放”、“切勿倒置”、

"上"、"下"等字样。对已取好的扰动土样的土袋,在对照清点后可以装入麻袋内,扎紧袋口,麻袋上写明编号并拴上标签(如同行李签),签上注明麻袋号数,袋内共装的土袋数和土袋号。

## 第四节 土样的管理

### 一、土样试验委托书

土样运到试验单位,必须附送"送样单"及"试验委托书"等,委托书根据取样记录填写,土样试验委托书见表2-13。

**表2-13 土样试验委托书**

兹送上土样__________个,请____________单位按所附委托书要求的试验项目,进行____________工程的试验为宜。

此致

__________实验室__________年______月______日 共______页,第______页

| 土样编号 | 实验室土样编号 | 土样名称(野外鉴别) | 取样地点或里程桩号 | 孔(坑)号 | 取样深度 | | 试验目的 | 试验项目 | 说明 |
|---|---|---|---|---|---|---|---|---|---|
| | | | | | 自(m) | 至(m) | | | |
| | | | | | | | | | |
| | | | | | | | | | |
| | | | | | | | | | |
| | | | | | | | | | |

主管__________ 主管工程师审核__________ 委托单位及联系人__________

注:1. 需做项目可在空白栏内填写。

2. 说明栏内需填写需要资料时间及寄送地点和土样试验后处理方法。

### 二、土样的接收和管理

(1)试验单位在接到土样后,即根据"试验委托书"清点土样,核对编号并检查所送土样是否满足试验项目的需要等。同时每清点一个土样,即在委托书中的实验室编号栏内进行统一编号,并将此编号记入原标签上,以免与其他工程所送土样编号相重复而发生错误。

(2)土样清点验收,并在"土样收发登记簿"上登记后,将土样交于负责试验人员妥善保存,按要求逐项进行试验。土样从取样之日起至开始试验时间不应超过3周。土样试验完毕后,仍将余土装入原装土筒内,并标记实验室土样编号,以备审核试验成果之用。当试验结果发出时,要在原来"土样收发登记簿"内注明发出日期,并在委托单位收到试验报告书一个月后,委托单位对试验报告未提出任何疑义时,方可处理土样。若有疑问,尚可用余土复试。

## 第五节　仪器设备的管理要求

(1)编制仪器设备一览表,其内容为仪器名称、技术指标、制造厂家、购置日期、保管人。

(2)编制仪器设备检定(检验)周期表,其内容包括仪器设备名称、编号、检定周期、检定单位、最近检定日期、送检负责人。

(3)仪器设备应有统一格式的标志,标志分"合格"、"准用"、"停用"三种,分别以绿、黄、红三种颜色表示。

①标志内容:仪器编号、检定结论、检定日期、检定单位。

②可拆卸的检测仪表组合成的仪器,每个仪表应有独立的标志;不可拆卸仪表组合成的仪器,可以只有一个标志。

(4)仪器说明书应妥善保存,并能方便使用。

(5)建立仪器档案,其内容为使用记录、故障及维修情况记录等。

## 第六节　试验资料的整理与管理

### 一、土工试验测得的土性指标

可按其在工程设计中的实际作用分为一般特性指标和主要计算指标,如土的天然密度、天然含水率、土粒比重、颗粒组成、液限、塑限等,作为对土分类定名和阐明其物理特性的土的一般性指标;土的黏聚力、内摩擦角、压缩系数、变形模量、渗透系数等,在设计计算中直接用以确定土体的强度、变形和稳定性等力学性能的土的主要计算指标。

### 二、试验报告的编写、审核

(1)试验报告所依据的试验数据,应进行整理、检查、分析,经确定无误后方可采用。

(2)试验报告所要提供的数据,一般应包括根据不同建筑物的设计和施工的具体要求所拟试验的全部土性指标。

(3)试验报告的内容应包括:试验方案的简要说明(工程概况,所需解决的问题以及由此对试样的采制,对试验项目和试验条件提出的要求),试验数据和基本结论。

(4)试验报告中一律采用国家颁布的法定的计算单位。

(5)试验报告应按以下方面审查:

①对照委托书,检查试验项目是否齐全。

②检查试验项目是否按照试验方法标准进行。

③综合分析、检查各项指标间的关系是否合理。

④对需要进行数据统计分析的试验报告应检查选用的方法是否合理,结果是否正确。

⑤检查土的定名是否与相关规范标准相符。

(6)试验报告审批应符合以下程序:

①由试验人员填写成果汇总表。

②经校核人员校核汇总表中的数据。

③由试验负责人编写试验报告。

④由技术负责人签字并盖章发送。

注意:试验技术人员及检测人员均应通过行业培训,并应持有经行业行政主管部门颁发的相应资质证书;技术负责人应具有10年以上工作经验和工程师以上职称。

### 三、技术资料文件的管理

(1)技术资料的管理由资料室负责。

(2)长期保存的技术资料有:国家、地区、部门有关产品质量检测工作的政策、法令、文件、法规和规定;产品技术标准、相关标准、参考标准(国外和国内的)、检测规程、规范、大纲、细则、操作规程的方法(国外的、国内的或自编的);计算检定规程、暂行校验方法;仪器设备说明书、计量合格证,仪器、仪表、设备的验收、维修、使用、降级和报废记录;仪器设备明细表和台账;产品检验委托书、设计文件及其他技术资料。

(3)定期保存的技术资料有:各类原始记录,各类检测报告,用户反馈意见及处理结果,样品入库、发放及处理登记本。其保管期不少于2年。

(4)长期保存的技术资料由资料室负责收集、整理、保存,其他各项技术资料由主管部门整理、填写技术资料目录,并对卷内资料进行编号由资料室装订成册。技术资料入库时应办理交接手续,统一编号填写资料索引卡片。

(5)检测人员借阅技术资料时,应办理借阅手续。与检测无关的人员不得查阅检测报告和原始记录。检测报告和原始记录不允许复制。

(6)资料室工作人员要严格为用户保守技术机密,否则以违反纪律论处。

(7)超过保管期的技术资料应分门别类造册登记,经中心主任批准后才能销毁。

# 第三章　土样的制备

## 第一节　概　述

土工试验要求统一土样和试样的制备程序与方法,可以提高试验资料的可比性。

本节所述的土样制备程序主要包括扰动土样的预备程序、扰动土样或者原状土样的制备程序。其中,扰动土样的制备又包括风干、碾散过筛、匀土、分样和储存等预备程序以及制备试样程序。土样制备前应拟订土工试验计划,制备程序也应视不同的试验而确定。

值得注意的是,对封闭原状土样除小心搬运和妥善存放外,在试验前不应开启,尽量使土样少受扰动。

制备所用设备如下:

(1)细筛:孔径 5 mm、2 mm、0.5 mm。

(2)洗筛:孔径 0.075 mm。

(3)台秤:称量 10 ~ 40 kg,最小分度值 5 g。

(4)天平:称量 1 000 g,最小分度值 0.1 g;称量 200 g,最小分度值 0.1 g。

(5)碎土器:磨土机。

(6)击样器,见图 3-1。

(7)压样器,见图 3-2。

(8)饱和器,见图 3-3。

(9)抽气设备,见图 3-4。

(10)其他:烘箱、干燥器、保湿器、研钵、木碾、橡皮板/切土刀、钢丝锯、凡士林、喷水设备等。

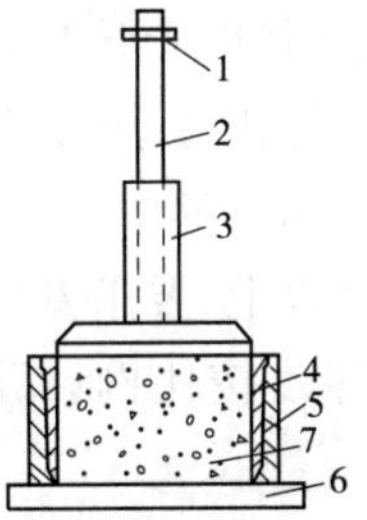


1—定位环;2—导杆;3—击锤;4—击样筒;
5—环刀;6—底座;7—试样

**图 3-1　击样器**

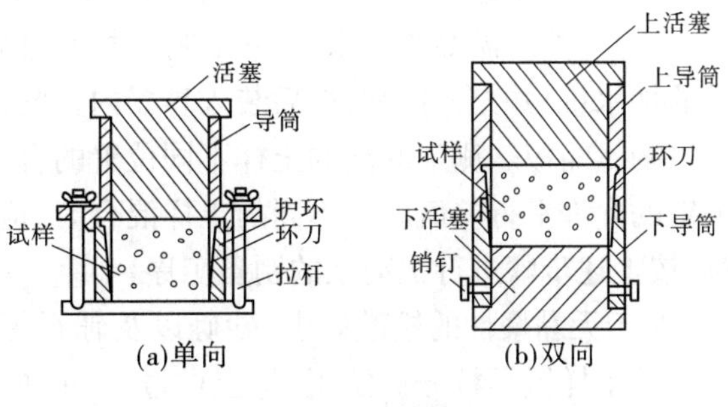


**图 3-2　压样器**

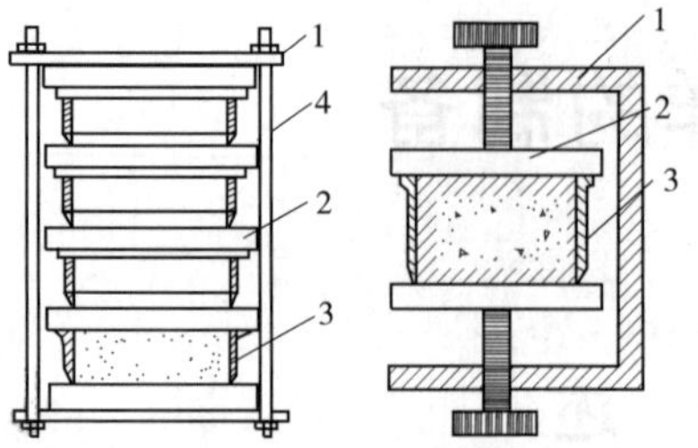


(a)叠式　　(b)框式

1—夹板;2—透水板;3—环刀;4—拉杆

**图 3-3　饱和器**

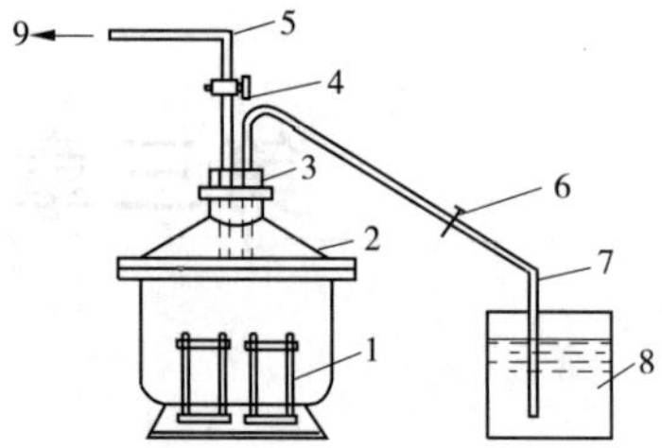


1—饱和器;2—真空缸;3—橡皮塞;
4—二通管;5—排气管;6—管夹;
7—引水管;8—盛水器;9—接抽气机

**图 3-4　真空饱和装置**

## 第二节　扰动土样的制备

(1)描述:对扰动土样进行描述的内容包括颜色、土类、气味及夹杂物等,如有需要,将扰动土样充分拌匀后取代表性土样进行含水率测定。

(2)碾散:将块状扰动土样放在橡皮板上用木碾或粉碎机碾散,但切勿压碎颗粒;对于含水率较大不能碾散的土样,应先风干再碾散。

(3)过筛:根据试验所需土样数量,将碾散后的土样过筛。

①物理性试验(如液限、塑限、缩限等试验)需要过 0.5 mm 筛;

②常规水理试验及力学试验土样,需要过 2 mm 筛;

③击实试验的土样最大粒径必须满足击实试验采用不同击实筒试验时的土样中最大粒径的要求。

(4)标示:按规定过标准筛后,取出足够数量的代表性试样,然后分别装入容器内,标以标签。标签上应注明工程名称、图样编号、过筛孔径、用途、制备日期和人员,以备各项试验使用,如果含有较多的粗砂以及少量细粒土、泥沙或者黏土的松散土样,应加水湿润松散后,用四分法取出代表性试样;如果是净砂,则可用匀土器取代表性试样。

(5)润湿:为配置一定含水率的试样,取过 2 mm 筛的足够试验用的风干土 1 ~ 5 kg,按照式(3-2)计算所需要的加水量,然后将土样平铺在不吸水的盛土盘内,用喷雾设备喷洒预计的加水量,并充分拌和,然后装入容器内盖紧,润湿一昼夜备用。其中,砂类土浸润时间可以酌量缩短。测定湿润的土样不同位置的含水率,至少两个以上,要求差值满足含水率测定的允许平行差值。对不同的土样混合时,应根据各土层厚度按比例计算相应质量,然后按上述步骤进行扰动土的制备工序。

(6)对于无黏聚性的松散砂土、砂砾以及砾石等粗粒土,应按上述方法制备土样,取足够使用的土样做颗粒分析使用,将土样过 5 mm 的筛,筛上筛下的土样分别储存,供做颗粒比重试验与相对密实度试验使用,再取一部分过 2 mm 的筛用作土的力学性质试验使用。如果砂砾土中有黏土黏附在砾石上,可以用毛刷仔细刷净、捏碎再过筛,或者先用水浸泡,再用 2 mm 的筛将浸泡过的土样在筛上冲洗,取筛上及筛下的具有代表性的试样做颗粒分析使用。将过筛的土样或冲洗下来的土浆应风干至全部碾散,再进行土样试样的制备。

## 第三节　扰动土样试件制备程序

根据工程要求将扰动的土制备成所需的试件进行水理、物理力学等试验之用。依据试件高度的不同要求分别选用击实法和压样法，高度小的采用单层击实法，高度大的采用压样法。扰动土样的制备，视实际情况分别按标准击实方法制样，对中小型填方工程可以按照击样法或者压样法进行。一般情况下，当试样的总厚度不大于 50 mm 时，可采用压样法。

### 一、击实法

根据不同工程要求，选用相应的击实功进行击实。按试件所要求的干质量、含水率制备湿土试样，并称量质量，准确至 0.1 g。将试验用的切土环刀内壁抹上一层薄的凡士林，刀口向下，放在试样上，用切土刀将试件削成略大于环刀直径的土柱，然后将环刀垂直向下压，边压边削，至土样伸出环刀上部，削平环刀两端，擦净环刀外壁，称环刀与土的总质量，准确至 0.1 g，并测定环刀两端所削下来的土样的含水率。试件制备过程尽量迅速，以免水分蒸发。试件制备的数量视试验需要而定，一般应多制备 1 ~ 2 组备用，一组试件或平行试件的密度、含水率与制备标准的差值，应保持在 0.1 $g/cm^3$ 或者 ±2% 范围内。

### 二、压样法

将湿土倒入压模内，抚平土样表面，以静压力将土压至一定高度，用推土器将土样推出。按照上述方法进行环刀取土后，测出土样含水率。

## 第四节　原状土试件制备

按土样上下层次小心开启原状土包装皮，将土样取出放正，整平两端。在环刀内壁涂一薄层凡士林，刀口向下，放在土样上，无特殊要求时切土方向应与天然土层层面垂直。用环刀切取试件时，试件与环刀要密和，否则应该重取。切削过程中应细心观察并记录试件的层次、气味、颜色，有无杂质，土质是否均匀，有无裂缝等。如连续切取数个试件，应使含水率不发生变化。原状土的开土土样描述及试样制备强调了对土样质量的鉴别。为保证试验结果的可靠性，质量不符合要求的原状土样不能做力学性质试验。

切取试样后应视试件本身及工程要求决定试件是否进行饱和，如果不立即进行试验或者饱和时，则将试件暂时保存在保湿器内。切取试件后，剩余的原状土样用蜡纸包好置于保湿器内，以备补做试验使用。切削的余土做物理性质试验。平行试验或同一组试件密度差值不应超过 ±0.1 $g/cm^3$，含水率差值不应超过 ±2%。

冻土制备原状土样时，应保持原状土温度，保持土样的结构和含水率不变。

# 第五节 试件饱和

土的孔隙逐渐被水填充的过程称为饱和。孔隙被水充满时的土称为饱和土。

根据土的性质,确定饱和的方法:

砂类土:可直接在仪器内浸水饱和。

对于黏性土,倘若是渗透系数大于 $10^{-4}$ cm/s 的较易透水黏性土,可采用毛细管饱和法或浸水饱和法;若为渗透系数小于 $10^{-4}$ cm/s 的不易透水黏性土,可采用真空饱和法。如果土体的结构性较弱,抽气可能发生扰动,则不宜采用。渗透系数可以预估,不一定实测。浸水饱和费时很多,可考虑使用高水头或者负压的方法,减少饱和时间。二氧化碳和反压力饱和是目前较好的饱和方法,但是需要一定的仪器设备,在三轴试验中可能用到。通常毛细管饱和法以及浸水饱和法的饱和度只能达到80% ~85%,真空饱和法的饱和度可以达到97%左右。

## 一、毛细管饱和法

### (一)仪器设备

饱和器、水箱(带盖子)、天平(感量0.1 g)。

### (二)操作步骤

(1)若使用重叠式饱和器,则在饱和器下正中放置稍大于环刀直径的透水石和滤纸,将装有试件的环刀放在滤纸上,试件上面再放一张滤纸和一块透水石。按照这样的顺序重复,由下向上重叠至适当的高度,将饱和器上板放在最上面的透水石上面,旋紧拉杆上端的螺丝,将各个环刀在上下板间加紧。

(2)若使用平列式饱和器,则将透水石放置于下板各圆孔上,并顺序放置滤纸、装试件的环刀、滤纸、上部透水石及上板,旋紧拉杆上端的螺丝,将各个环刀在上下板之间夹紧。

(3)将装好试件的饱和器放入水箱中(重叠式和框架式饱和器放倒,平列式平放),在水箱中注入清水,水面不宜将试件淹没(重叠式和框架式饱和器)或超过试件顶面(平列式饱和器),以便土中气体得以排出。关上箱盖,防止水分蒸发,静置数日,借助土的毛细管作用,使试件饱和,一般需要3 d时间。

(4)取出饱和器,松开螺丝,取出环刀,洗干净外壁,吸去表面积水,取下试件上下滤纸,称环刀和土的总质量,准确至0.1 g,并计算饱和度。

(5)如果饱和度小于95%,将环刀装入饱和器,浸入水中,重新延长饱和时间。

## 二、真空饱和法

### (一)仪器设备

真空饱和法整体装置、饱和器、真空缸(金属或者玻璃制)、抽气机、真空测压表。

其他:天平、硬橡皮管、橡皮塞、管夹、二路活塞、水缸、凡士林等。

### (二)操作步骤

(1)按照上述方法将试件装入饱和器并放入真空缸内,盖口涂抹一层薄的凡士林,以防漏气。关管夹，开阀门，开动抽气机，抽出缸内及土中气体；当真空压力表达到 -101.325 kPa（一个负大气压力值）后，稍微开启管夹，使清水从引水管徐徐注入真空气缸内。在注水的过程中，应调节管夹，使真空压力表上的数值基本保持不变。

（2）待饱和器完全淹没在水中后，即停止抽气，将引水管从水缸中提出，令空气进入真空缸内，静待一定时间，借大气压力使试件饱和。

（3）取出试件称质量，准确至 0.1 g，计算饱和度。

# 第六节　化学试验土样制备

把土样平铺在搪瓷盘、木板或者厚纸橡皮垫上，摊成薄层，放置于室内阴凉通风处风干，不时翻拌，并将大块土碾散，使其能够均匀风干。风干场所应干燥清洁，并且要防止酸碱蒸汽的侵蚀和尘埃落入。

风干土样用木碾压碎，仔细检查砂砾，过 2 mm 孔径的土筛，筛出土块重新碾碎，使其全部通过为止。过筛后的土样经四分法缩减至 200 g 左右，放在瓷研钵中研细，使其全部通过 1 mm 的筛子，取其中的 3/4（用两次四分法，每次取出一半）供一般化学试验使用。其余 1/4 重新研细，使全部通过 0.5 mm 的筛子，由四分法分出 1/2，置于 105 ~ 110 ℃的烘箱中烘至恒温，储存于干燥器中，供碳酸盐等分析时使用。

剩余 1/2 压成扁平薄层，划成许多小方格，用角匙按分割规律均匀挑取样品 10 g 左右，放入玛瑙研钵中仔细研碎，使其全部通过 0.1 mm 的筛子，最后在 105 ~ 110 ℃的烘箱中烘至恒温，储存于干燥器中，供矿质成分全量分析时使用。

# 第七节　结果整理

## 一、试验所需干土质量

试验所需干土质量按下式计算：

$$m_s = \frac{m}{1 + 0.01\omega_0} \tag{3-1}$$

式中　$m_s$——试验所需干土质量，g；

$m$——风干土质量，g；

$\omega_0$——风干含水率（或天然含水率）（%）。

## 二、计算制备试样时所加水量

根据试验所需含水率，按下式计算制备试样时所加水量：

$$m_w = \frac{m}{1 + 0.01\omega_0} \times 0.01(\omega' - \omega_0) \tag{3-2}$$

式中　$m_w$——土样制备所需加水的质量，g；

$m$——风干含水率时的土样质量，g；

$\omega_0$——土样风干含水率(%)。

$\omega'$——土样所要求的含水率(%)。

## 三、计算所需湿土质量

根据环刀的容积及要求的干密度,按下式计算所需湿土质量:

$$m_0 = (1 + 0.01\omega_0)\rho_d V \tag{3-3}$$

式中 $m_0$——所需湿土质量,g;

$\rho_d$——试样的干密度,g/cm$^3$;

$\omega_0$——风干含水率(或天然含水率)(%);

$V$——环刀容积,cm$^3$。

## 四、计算制备扰动土样所需增加的水量

按照下式计算制备扰动土样所需要增加的水量:

$$\Delta m_w = 0.01(\omega - \omega_0)\rho_d V \tag{3-4}$$

式中 $\Delta m_w$——制备扰动土样应增加的水量。

其余符号含义同前。

## 五、计算饱和度

按下式计算饱和度:

$$S_r = \frac{(\rho - \rho_d)G_s}{e\rho_d} \tag{3-5}$$

或

$$S_r = \frac{\omega G_s}{e} \tag{3-6}$$

式中 $S_r$——饱和度(%),计算至0.01;

$\rho$——饱和后的密度,g/cm$^3$;

$\rho_d$——土的干密度,g/cm$^3$;

$e$——土的孔隙比;

$G_s$——土粒比重;

$\omega$——饱和后土的含水率(%)。

# 第四章　土工室内试验

## 第一节　土的基本指标的检测

### 一、密度试验

**(一)概述**

土的密度是指土体在天然状态下单位体积的质量,本试验的目的是测定土的密度,用于计算土的干密度、孔隙比、孔隙度、饱和度等指标。对于一般粉土和黏性土等细粒土,适用环刀法;若土样难以切削并且容易碎裂,可用蜡封法。在现场的情况下,对于砂土、砂砾土或最大粒径小于20 mm的粗颗粒土的密度,可采用灌砂法、气囊法。测定最大粒径小于60 mm的土的密度时,可采用灌水法。核子射线法适用于测定填料为细粒土、砂类土的压实密度。这里介绍环刀法、蜡封法和灌水法。

**(二)环刀法**

1. 仪器设备

环刀:内径6~8 cm,高2~5.4 cm,壁厚1.5~2.0 cm,如图4-1所示。

(建议采用内径为61.8 mm,高度为20 mm的环刀。)

电子天平:称量500 g,最小分度值0.1 g;称量200 g,最小分度值0.01 g。

其他:修土刀(见图4-2),凡士林等。

图4-1　环刀

图4-2　修土刀

2. 试验步骤

(1)量测环刀的内部体积$V$,在天平上称环刀质量$m_1$。

(或者记录环刀编号,直接查询实验室资料得到环刀的体积和质量。)

(2)按照工程需要取原状土,取直径和高度略大于环刀的原状土样或制备所需状态的扰动土样。

(3)环刀取土:在环刀内壁涂一薄层凡士林,将环刀刃口向下放在土样上,随即将环刀垂直下压,边压边削,直至土样上端伸出环刀。将环刀两端余土削去修平(严禁在土面上反复涂抹),使得土样与环刀口面平齐。

(4)擦净环刀外壁,将取好土样的环刀放在天平上称量,记下环刀与湿土的总质量 $m_2$。

3. 结果整理

按照下式计算湿密度及干密度:

$$\rho = \frac{m_2 - m_1}{V} \tag{4-1}$$

$$\rho_d = \frac{\rho}{1 + 0.01\omega} \tag{4-2}$$

式中 $\rho$——试样湿密度,$g/cm^3$,精确至0.01;

$m_1$——环刀质量,g;

$m_2$——环刀+湿土质量,g;

$V$——环刀体积,$cm^3$;

$\omega$——含水率(%),精确至0.1;

$\rho_d$——试样干密度,$g/cm^3$。

注意:(1)本试验需进行二次平行测定,取其算术平均值,允许平行差值不得大于0.03 $g/cm^3$;

(2)报告中包括土的鉴别分类和状态描述。

4. 试验记录

**表4-1 环刀法测密度**

工程名称________ 试样编号________ 试验日期________

计 算 者________ 校 核 者________ 试 验 者________

| | | | | |
|---|---|---|---|---|
| 环刀重(g) | | | | |
| 环刀+湿样重(g) | | | | |
| 环刀体积($cm^3$) | | | | |
| 湿样重(g) | | | | |
| 湿容重($g/cm^3$) | | | | |
| 盒号 | | | | |
| 盒+湿样重(g) | | | | |
| 盒+干样重(g) | | | | |
| 盒重(g) | | | | |
| 水分重(g) | | | | |
| 干样重(g) | | | | |
| 含水率(%) | | | | |
| 平均含水率(%) | | | | |
| 最大干密度($g/cm^3$) | | | | |

### （三）蜡封法

密度试验中，如果遇到易破裂、形态不规则的坚硬土体，环刀法可能会难以实施，此时可采用蜡封法测量密度。

1. 仪器设备

（1）天平：分度值 0.01 g。

（2）其他：削土刀、石蜡、烧杯、温度计、细线、针及熔蜡、加热器等。

2. 试验步骤

（1）切取大于 30 $cm^3$ 的代表性土样，削去表面浮松土及尖锐棱角，系于细线上称其质量，准确至 0.01 g，并取切削下的余土测定含水率。

（2）持线将试样缓缓浸入刚过熔点的蜡液中，待全部浸没后立即提出。仔细检查试样四周的蜡膜上有无气泡存在。若有气泡，应用热针刺破，并涂平孔口。待冷却后，称蜡封后的试样在空气中的质量，准确至 0.01 g。为了避免易破碎的土体扰动和蜡封时产生气泡，试验应采用一次徐徐的浸蜡方法。

（3）持线将蜡封试样吊在天平一端，浸没于烧杯的蒸馏水中，保证试件不与杯壁接触，称量蜡封试样浸在水中的质量，准确至 0.01 g，此时细线所受拉力实际为试样重力与浮力之差。测记蒸馏水的温度，准确至 0.1 ℃。

（4）取出蜡封试样，擦干表面水分后在空气中再称一次质量。与第一次所称质量相比较，若质量增加超过 0.03 g，则证明试样中浸水过多，应另取试样重做试验。

（5）当用电子天平或电子秤测定时，先将盛水的烧杯放在秤盘上，当显示稳定后，按清零键。再将蜡封试样吊在固定支架上浸没于水中，勿与杯壁接触，称量，准确至 0.01 g。该质量即为蜡封试样排开液体的质量。

3. 结果整理

（1）采用吊盘天平测定时，用下式计算试样密度：

$$\rho = \frac{m_0}{\frac{m_n - m_{nw}}{\rho_{wt}} - \frac{m_n - m_0}{\rho_n}} \tag{4-3}$$

式中 $m_0$——湿试样质量，g；

$m_n$——蜡封试样质量，g；

$m_{nw}$——蜡封试样在水中的质量，g；

$\rho_{wt}$——蒸馏水在 $t$ ℃时的密度，g/$cm^3$，准确至 0.001；

$\rho_n$——石蜡的密度，采用 55 号蜡为宜，密度以实测为宜（可采用阿基米德原理测量），无实测值的时候可以近似取 0.92 g/$cm^3$。

（2）采用电子天平测定时，用下式计算试样密度：

$$\rho = \frac{m_0}{\frac{m_{nf}}{\rho_{wt}} - \frac{m_n - m_0}{\rho_n}} \tag{4-4}$$

式中 $m_{nf}$——蜡封试样排开水的质量，g，准确至 0.001。

本试验应进行二次平行测定，平行测定的差值不得大于 0.03 g/$cm^3$，取算术平均值。

4. 试验记录

**表 4-2　蜡封法密度试验记录(蜡密度 $\rho_n = 0.92\ g/cm^3$)**

工程名称________　试样编号________　试验日期________

计 算 者________　校 核 者________　试 验 者________

| 试样编号 | 试样质量(g) | 蜡封试样质量(g) | 蜡封试样在水中的质量(g) | 水温 $t$(℃) | 水的密度($g/cm^3$) | 蜡封试样体积($cm^3$) | 蜡体积($cm^3$) | 试样体积($cm^3$) | 湿密度($g/cm^3$) |
|---|---|---|---|---|---|---|---|---|---|
| | (1) | (2) | (3) | | (4) | (5) | (6) | (7) | (8) |
| | | | | | | $\frac{(2)-(3)}{(4)}$ | $\frac{(2)-(1)}{\rho_n}$ | (5) - (6) | $\frac{(1)}{(7)}$ |
| | | | | | | | | | |
| | | | | | | | | | |
| | | | | | | | | | |
| | | | | | | | | | |

**(四)灌水法**

本方法适用于现场测定粗粒土和巨粒土的密度,为粗粒土和巨粒土最大干密度试验提供施工现场检验密实程度的方法和手段。

1. 仪器设备

(1)储水筒:直径应均匀,并附有刻度及出水管。

(2)台秤:称量 50 kg,分度值 5 g。

(3)塑料薄膜袋:由聚氯乙烯塑料薄膜制成。

(4)座板:中间开有圆孔的方形或圆形铁板,圆孔处有环套,环套直径为最大颗粒直径的 3 倍,高度为该粒径的 5%。

(5)其他:盛土容器、水准仪、钢卷尺、挖土的铁铲等。

2. 试验步骤

(1)在选定试坑位置处根据土的最大粒径,按表 4-3 确定试坑具体尺寸。

**表 4-3　试坑尺寸**

| 试样最大粒径(mm) | 试坑尺寸(mm) | |
|---|---|---|
| | 直径 | 深度 |
| 5 ~ 20 | 150 | 200 |
| 40 | 200 | 250 |
| 60 | 250 | 300 |
| 200 | 800 | 1 000 |

(2)按确定的试坑直径画出坑口轮廓线。将测点处的地表整平,地表的浮土、石块、杂物等应予清除,坑凹不平处用砂铺整。用水准仪检查地表是否水平。在轮廓线内下挖至要求深度,边挖边将坑内的试样装入盛土容器内,称土的质量,准确至10 g,并取代表性土样测定含水率。

(3)在整平后的地表将座板固定。将略大于试坑容积的聚乙烯塑料膜沿环套内壁及地表紧贴铺好。到地面后翻开袋口,袋口周围用重物压牢固定。

(4)记录储水筒初始水位高度,拧开储水筒的注水开关,从环套上方将水缓缓注入坑内塑料薄膜袋内,至刚满不外溢。当袋内水面上升到接近坑口地面时将水流调小,待水面与坑口地面齐平时立即关闭注水管,持续3~5 min。记录储水筒水位高度,计算座板部分的体积。当袋内出现水面下降时,应另取塑料薄膜袋重做试验。在保持座板原固定状态下,将薄膜盛装的水排至对该试验不产生影响的场所,然后将薄膜揭离座板。

3. 结果整理

按下式计算座板部分的容积:

$$V_1 = (h_1 - h_2)A_w \tag{4-5}$$

式中 $V_1$——座板部分的容积,$cm^3$,计算至0.01;

$A_w$——储水筒断面面积,$cm^2$;

$h_1$——底座部分初始储水筒水位,cm;

$h_2$——底座部分注水终了时储水筒水位,cm。

按下式计算试坑的容积:

$$V = (H_1 - H_2)A_w - V_1 \tag{4-6}$$

式中 $V$——试坑容积,$cm^3$,计算至0.01;

$H_1$——储水筒内初始水位,cm;

$H_2$——储水筒内终了时水位,cm。

按下式计算试样的湿密度:

$$\rho = \frac{m_p}{V} \tag{4-7}$$

式中 $\rho$——试样的湿密度,$g/cm^3$,计算至0.01;

$m_p$——取自试坑内的试样质量,g。

本试验应进行二次平行测定,平行测定的差值不得大于0.03 $g/cm^3$,取算术平均值。

4. 试验记录

灌水法密度试验记录见表4-4。

## 二、含水率试验

### (一)概述

本试验的目的是测定土在105~110 ℃温度下烘至恒量时所失去水的质量与恒量后干土质量的比值(以百分数表示)。本试验以烘干法为测定含水率的标准方法,适用于测定黏性土、粉质土、砂类土、砂砾土、有机质土、冻土等各类土的含水率。当需要快速测定含水率时,可依土的性质和工程情况分别选用下列方法:

表 4-4　灌水法密度试验记录

工程名称________　试样编号________　试验日期________

计 算 者________　校 核 者________　试 验 者________

| 测点 | 1 | 2 | |
|---|---|---|---|
| (1)底座部分注水前储水筒水位 $h_1$ | cm | | |
| (2)底座部分注水后储水筒水位 $h_2$ | cm | | |
| (3)储水筒断面面积 $A_w$ | $cm^2$ | | |
| (4)座板部分的容积 $V_1$ | $cm^3$ | | |
| (5)储水筒内初始水位 $H_1$ | cm | | |
| (6)储水筒内终了水位 $H_2$ | cm | | |
| (7)试坑容积 $V$ | $cm^3$ | | |
| (8)取自试坑内的试样质量 $m_p$ | g | | |
| (9)试样的湿密度 $\rho$ | $g/cm^3$ | | |

(1)酒精燃烧法:适用于不含有机质的砂类土、粉土和黏性土。试验目的:测定土中水的质量与土颗粒质量的比值(以百分数表示)。

(2)碳化钙气压法:适用于各类土。试验目的:测定土中水的质量与土颗粒质量的比值(以百分数表示)。

**(二)烘干法**

土是由土中固体颗粒、土中水、土中气三部分组成的。土的三相物质在质量上或者体积上的比例关系称为土的三相比例指标,并随着各种条件的改变而发生变化。地下水水位的升降会改变土中水的含量,振捣、压实的土体,其孔隙体积会减小。这些变化可以通过相应的物理性质指标具体反映出来。

1. 仪器设备

烘箱:电热鼓风干燥箱,如图 4-3 所示。

电子天平:称量 200 g,感量 0.01 g;称量 2 000 g,感量 0.1 g,如图 4-4 所示。

称量盒:即烘土盒(使用时注意检查盒盖和盒子编号一致),如图 4-5 所示。

其他:干燥器。

2. 试验步骤

(1)称量盒质量 $m_3$,为简化手续可将盒质量定期调整为恒定质量。

(2)取代表性试样,细粒土 15 ~ 30 g,砂性土、有机质土为 50 g,砂砾石为 1 ~ 2 kg,放入称量盒内,立即盖上盒盖,称盒加湿土总质量 $m_1$,精确至 0.01 g,并记录称量盒编号。

图 4-3　烘箱

图 4-4　电子天平

图 4-5　称量盒

(3)打开盒盖,将试样和称量盒放入烘箱,在温度 105 ~ 110 ℃的恒温下烘干。烘干时间与土的类别及取土数量有关。对于细粒土不得少于 8 h;砂类土不得少于 6 h;对含有机质超过 5% 的土或者含有石膏的土,应将温度控制在 65 ~ 70 ℃的恒温下烘至恒量,建议干燥 12 ~ 15 h 为好。

(4)将烘干后的试样和盒取出,盖好盒盖放入干燥器内冷却至室温,称干土加盒质量为 $m_2$,精确至 0.01 g。

3. 结果整理

按照下式计算含水率:

$$\omega = \frac{m_1 - m_2}{m_2 - m_3} \times 100\% \tag{4-8}$$

式中　$\omega$——含水率(%),精确至 0.1;

$m_1$——湿土 + 盒质量,g;

$m_2$——干土 + 盒质量,g;

$m_3$——盒质量,g。

注意:(1)本试验计算精确至 0.1%,需进行二次平行测定,取其算术平均值,允许平行差值应符合表 4-5 的规定。

表 4-5　含水率测定的允许平行差值　（%）

| 含水率 | 允许平行差值 |
|---|---|
| <5 | 0.3 |
| <40 | 1 |
| ≥40 | 2 |

（2）含水率试验用土应该在打开试样包装后立刻采取，以免影响测定结果。

（3）湿土质量称量完毕后，由实验室统一负责烘干，同学们在规定时间内回到实验室称量干土质量即可。

4. 试验记录

烘干法测含水率试验记录见表 4-6。

表 4-6　烘干法测含水率试验

工程名称＿＿＿＿＿　试样编号＿＿＿＿＿　试验日期＿＿＿＿＿

计 算 者＿＿＿＿＿　校 核 者＿＿＿＿＿　试 验 者＿＿＿＿＿

| 盒号 | | | | |
|---|---|---|---|---|
| 盒重(g) | | | | |
| 盒＋湿土重(g) | | | | |
| 盒＋干土重(g) | | | | |
| 水分重(g) | | | | |
| 干样重(g) | | | | |
| 含水率(%) | | | | |
| 平均含水率(%) | | | | |

## （三）酒精燃烧法

本试验适用于快速简易的测定细粒土的含水率。

1. 仪器设备

（1）天平：分度值 0.01 g。

（2）酒精：浓度 95%。

（3）其他：干燥器、等质量的称量盒、滴管、火柴、调土刀等。

2. 试验步骤

（1）取代表性试样（黏性土 5～10 g，砂类土 20～30 g），砂类土质量应多于黏性土，放入称量盒内，称湿土质量 $m$，准确至 0.01 g。

（2）打开盒盖，用滴管将浓度为 95% 的酒精滴入盒内，直至试样表面出现自由液面。将盒底在桌面上轻轻敲击，使酒精浸透全部试样，随后点燃盒中酒精，燃烧至火焰熄灭。

（3）冷却几分钟后，重复上一步的操作。黏性土应燃烧 4 次，砂类土应燃烧 3 次。

（4）待最后一次燃烧火焰熄灭后，盖上盒盖，在干燥器中冷却至室温，立即称干土质

量 $m_s$,准确至0.01 g。而酒精在土上燃烧,使土中水分蒸发,将土样烘干是快速简易并且较为准确的测定方法,适用于没有烘箱、土样较少条件下的细粒土含水率测定。

3. 结果整理

按下式计算含水率:

$$\omega = \frac{m_1 - m_2}{m_2 - m_3} \times 100\% \tag{4-9}$$

式中 $\omega$——含水率(%),精确至0.1;

$m_1$——盒+湿土的质量,g;

$m_2$——盒+干土的质量,g;

$m_3$——空盒的质量,g。

本试验允许平行差值应符合表4-7的规定。

**表4-7 含水率测定的允许平行差值** (%)

| 含水率 | 允许平行差值 | 含水率 | 允许平行差值 |
|---|---|---|---|
| <5 | 0.3 | >40 | ≤2 |
| <40 | ≤1 | 对层状和网状构造的冻土 | <3 |

4. 试验记录

酒精燃烧法测含水率试验记录见表4-8。

**表4-8 酒精燃烧法测含水率试验记录**

工程名称__________ 试样编号__________ 试验日期__________

计 算 者__________ 校 核 者__________ 试 验 者__________

| 盒号 | | | | |
|---|---|---|---|---|
| 盒重(g) | | | | |
| 盒+湿土重(g) | | | | |
| 盒+干土重(g) | | | | |
| 水分重(g) | | | | |
| 干样重(g) | | | | |
| 含水率(%) | | | | |
| 平均含水率(%) | | | | |

**(四)比重法**

本试验适用于砂类土含水率的测定。由于土内气体能否排出直接影响试验结果的精度,故比重法仅适用于砂类土。

1. 仪器设备

(1)玻璃瓶:容积500 mL以上。

(2)天平:称量1 000 g,感量0.5 g。

(3)其他:漏斗、小勺、吸水球、玻璃片、土样盘及玻璃棒等。

2. 试验步骤

(1)取代表性砂类土试样 200 ~ 300 g,放入土样盘内。

(2)向玻璃瓶中注入清水至1/3左右,然后用漏斗将土样盘中的试样倒入瓶中,并用玻璃棒搅拌1 ~ 2 min,直到所含气体完全排出。

(3)向玻璃瓶中注入清水至全部充满,静置1 min后用吸水球吸去泡沫,再加清水使其充满,盖上玻璃片,擦干净瓶的外壁并称量其质量。

(4)将瓶中混合液体倒出,清洗干净,再向瓶中加入清水至全部充满,盖上玻璃片,擦干净外壁,称其质量,准确至0.5 g。

3. 结果整理

按下式计算含水率:

$$\omega = \left[\frac{m(G_s - 1)}{G_s(m_1 - m_2)} - 1\right] \times 100\% \tag{4-10}$$

式中 $\omega$——砂类土的含水率(%),精确至0.1;

$m$——湿土质量,g;

$m_1$——瓶、土、水、玻璃片合质量,g;

$m_2$——瓶、水、玻璃片合质量,g;

$G_s$——砂类土的比重。

本试验必须进行两次平行测定,容许差同酒精燃烧法的要求。

4. 试验记录

比重法测含水率试验记录见表4-9。

**表4-9 比重法测含水率试验记录**

工程名称________ 试样编号________ 试验日期________

计 算 者________ 校 核 者________ 试 验 者________

| 土样编号 | 瓶号 | 湿土质量(g) | 瓶、土、水、玻璃片合质量(g) | 瓶、水、玻璃片合质量(g) | 土的比重 | 含水率(%) | 平均值(%) |
|---|---|---|---|---|---|---|---|
| | | | | | | | |
| | | | | | | | |
| | | | | | | | |
| | | | | | | | |

## 三、比重试验

### (一)概述

土粒比重是土粒在温度105 ~ 110 ℃下烘至恒量时的质量与同体积4 ℃时纯水质量的比值,本试验的目的是测定土的颗粒密度,以便用于计算土的孔隙比、孔隙度、饱和度等指标。本试验应根据土粒不同粒径，分别采用下列方法：

(1)粒径小于5 mm的土用量瓶法测定。根据土的分散程度、矿物成分、水溶盐和有机质的含量又分别规定用纯水和中性液体测定。排气方法也根据介质的不同分别采用煮沸法和真空抽气法。

(2)粒径大于等于5 mm的土，其中大于20 mm的颗粒含量少于10%时用浮称法，多于10%时用虹吸筒法。

(3)当土中含有小于和大于5 mm的颗粒，则应按第(1)、(2)条的规定，分别用量瓶法、浮称法或虹吸筒法测定不同粒径的颗粒密度，平均颗粒密度应按下式计算：

$$G_s = \frac{1}{\dfrac{P_1}{G_{s1}} + \dfrac{P_2}{G_{s2}}} \tag{4-11}$$

式中 $G_{s1}$——大于5 mm粒径的土粒比重；

$G_{s2}$——小于5 mm粒径的土粒比重；

$P_1$——大于5 mm粒径的土粒质量占总质量的百分数(%)；

$P_2$——小于5 mm粒径的土粒质量占总质量的百分数(%)。

**(二)比重瓶法**

比重瓶法用于测定粒径小于5 mm的土粒比重。

1. 仪器设备

(1)量瓶：容积100 mL或50 mL；试验表明，瓶的大小对比重结果影响不大，但因100 mL的比重瓶可以多取些试样，使试样的代表性和试验的精度提高，所以宜采用100 mL的比重瓶。

(2)天平：称量200 g，分度值0.001 g。

(3)恒温水槽：灵敏度为±1 ℃。

(4)砂浴：应能调节温度。

(5)温度计：测量范围0～50 ℃，分度值0.5 ℃。

(6)真空抽气设备：包括真空泵、抽气缸、真空压力表等。

(7)其他：烘箱、蒸馏水、中性液体(如煤油等)、孔径2 mm及5 mm的筛、漏斗、滴管等。

2. 试验步骤

(1)一般土的颗粒密度应采用纯水测定；当土中含有可溶盐、亲水性胶体或有机质，应采用中性液体(如煤油)测定。

(2)量瓶在使用前必须进行量瓶和水(或中性液体)总质量的校正。

①将比重瓶洗净、烘干，称比重瓶的质量，准确至0.001 g。

②将煮沸冷却后的纯水注入比重瓶。对长颈比重瓶注水至刻度处，对短颈比重瓶应注满水，塞紧瓶塞，多余水分自瓶塞毛细管中溢出。调节恒温水槽至5 ℃或10 ℃，然后将比重瓶放入恒温水槽内，直至瓶内水温稳定。取出比重瓶，擦干外壁，称瓶、水总质量，准确至0.001 g。

③以5 ℃级差，调节恒温水槽的水温，逐级测定不同温度下的比重瓶、水总质量，至达

到本地区最高自然气温。每级温度均应进行两次平行测定,两次测定的差值不得大于0.002 g,取两次测值的平均值。绘制温度与瓶、水总质量的关系曲线。完成校正。

(3)将量瓶烘干,取烘干土 15 g 装入 100 mL 量瓶内(若用50 mL 量瓶,取 12 g),称量瓶和土的总质量,准确至0.001 g。

(4)为了排除土中空气,向装有干土的量瓶内注入蒸馏水至量瓶的 1/2 处,摇动量瓶,将土样浸泡 20 h 以上,然后将量瓶放在砂浴上煮沸。煮沸时间自悬液沸腾时算起,砂土及低液限黏土不少于 30 min,高液限黏土不少于 1 h,使土粒分散。注意沸腾后调节好砂浴的温度,不使土液溢出瓶外。

(5)煮沸完毕,取下量瓶,冷却至接近室温,将事先煮沸并冷却的纯水注入量瓶至近满(有恒温水槽时,可将量瓶放于恒温水槽内)。对于长颈比重瓶,用滴管调整液面至刻度处(以弯月面下缘为准),对于短颈比重瓶,则应注满蒸馏水,待瓶内悬液温度稳定及悬液上部澄清时塞好瓶塞,使多余水分自瓶塞毛细管中溢出,将瓶外壁上的水分擦干。随后称量瓶、水和土总质量,并测定量瓶内水的温度,准确至 0.5 ℃。

(6)根据测得的温度,从已绘制的"温度与量瓶和水的总质量关系曲线"中查得量瓶和水的总质量。如比重瓶体积事先未经温度校正,则立即倾去悬液,洗净比重瓶,注入事先煮沸过且与试验时同温度的蒸馏水至同一体积刻度处,短颈比重瓶则注水至满,按上一步的方法调整液面后,将瓶外水分擦干,称瓶、水总质量,称量应准确至 0.001 g。

(7)对含有某一定量的可溶盐、不亲性胶体或有机质的土,必须用中性液体测定,并用真空抽气法排出土中气体。对于煮沸时砂粒易跳出的砂土,也建议用真空抽气法代替煮沸法排出土中空气。真空压力表读数宜为 100 kPa,抽气时间为 1 ~2 h,至悬液内无气泡,其余步骤同上。

3. 结果整理

(1)用蒸馏水测定时,比重计算式如下:

$$G_s = \frac{m_s}{m_1 + m_s - m_2} \times G_{wt} \tag{4-12}$$

式中 $G_s$——土粒比重,计算至 0.001;

$m_s$——干土质量,g;

$m_1$——瓶、水总质量,g;

$m_2$——瓶、水、土总质量,g;

$G_{wt}$——$t$ ℃时蒸馏水的比重,可以查物理手册,精确至 0.001。

(2)用中性液体测定时,比重计算式如下:

$$G_s = \frac{m_s}{m_1' + m_s - m_2'} \times G_{kt} \tag{4-13}$$

式中 $G_s$——土粒比重,计算至 0.001;

$m_s$——干土质量,g;

$m_1'$——瓶、中性液体总质量,g;

$m_2'$——瓶、中性液体、土的总质量,g;

$G_{kt}$——$t$ ℃时中性液体的比重,实测得到,精确至 0.001。

本试验应进行两次平行测定，平行测定的差值不得大于0.02，取算术平均值，准确至0.01。

4. 试验记录

比重试验记录（比重瓶法）见表4-10。

**表4-10　比重试验记录（比重瓶法）**

工程名称＿＿＿＿＿　试样编号＿＿＿＿＿　试验日期＿＿＿＿＿

计 算 者＿＿＿＿＿　校 核 者＿＿＿＿＿　试 验 者＿＿＿＿＿

| 试验编号 | 比重瓶号 | 温度（℃） | 液体比重 | 比重瓶质量（g） | 瓶、干土总质量（g） | 干土质量（g） | 瓶、液体、土总质量（g） | 与干土同体积的液体质量（g） | 比重 | 平均值 |
|---|---|---|---|---|---|---|---|---|---|---|
| | | | | | | | | | | |
| | | | | | | | | | | |

## （三）浮力法

浮力法适用于测定粒径大于等于5 mm的土，其中大于等于20 mm的颗粒含量小于10%。浮力法测量的结果比较稳定，但是对于大于20 mm粒径的土体较多的情况，需要增加试验设备，故在适用范围中限制了粗大颗粒所占的比例。值得注意的是，通常浸水后被水填充的孔隙只是土粒中开敞的孔隙，封闭的孔隙水不能浸入，故粗粒土的比重一般指视比重。

1. 仪器设备

（1）浮力仪：称量大于1 kg，分度值0.001 g。孔径小于5 mm的网篮，直径10～15 cm，高10～20 cm，适合网篮沉入用的盛水容器，如图4-6所示。

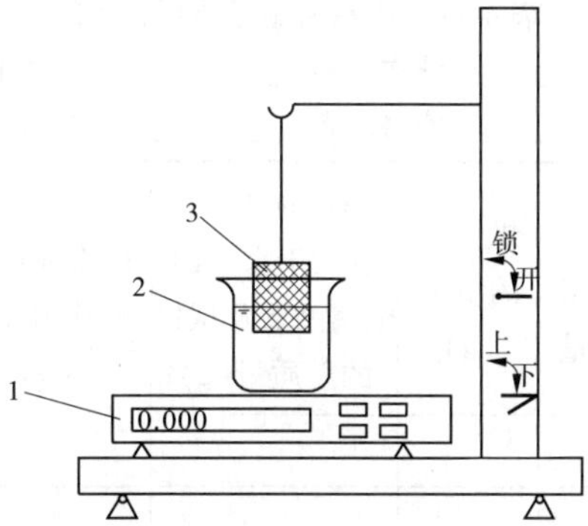


1—电子天平；2—盛水容器；3—盛粗粒土的金属网篮

**图4-6　浮力仪**

（2）其他：烘箱、温度计、孔径5 mm及20 mm的筛、毛巾、瓷盘等。

2. 试验步骤

（1）取粒径大于5 mm的代表性试样 $m_s$ 为500～1 000 g。彻底冲洗试样，直至颗粒表面无尘污。

(2)称量烧杯和杯中水的质量 $m_1$,将金属网篮缓慢浸没于水中,再称烧杯、杯中水和悬没于水中的金属网篮的总质量,并立即测量容器中水的温度,准确至0.5 ℃。计算出悬没于水中的金属网篮的浮力质量 $m_2$。

(3)将试样浸没在水中一个昼夜后,立即放入金属网篮,缓缓浸没于水中,并在水中摇晃,至无气泡逸出。

(4)称烧杯、杯中水和悬没于水中的金属网篮以及试样的总质量 $m_3$,并立即测量容器中水的温度,准确至0.5 ℃。

(5)取出金属网篮中的全部试样放于瓷盘中,吸去盘中余水,置于105~110 ℃烘箱中烘4~6 h,取出冷却至室温,称烘干试样的质量。

本试验必须进行二次平行测定,取其算术平均值,准确至0.01,其平行差值不得大于0.02。

3. 结果整理

按下式计算土粒比重:

$$G_s = \frac{m_s}{m_3 - m_2 - m_1} \times G_{wt} \tag{4-14}$$

式中 $G_s$——土粒比重,计算至0.001;

$m_s$——干土质量,g;

$m_1$——烧杯和水总质量,g;

$m_2$——悬没于水中的金属网篮的浮力质量,g;

$m_3$——烧杯、杯中水和悬没于水中的金属网篮及试样的总质量,g;

$G_{wt}$——$t$ ℃时蒸馏水的比重,精确至0.001。

4. 试验记录

比重试验记录(浮力法)见表4-11。

**表4-11 比重试验记录(浮力法)**

工程名称________ 试样编号________ 试验日期________

计 算 者________ 校 核 者________ 试 验 者________

| 野外编号 | 室内编号 | 温度(℃) | 某一温度下水的比重 | 烘干土的质量(g) | 烧杯、杯中水和悬没于水中的金属网篮及试样的总质量(g) | 悬没于水中的金属网篮的浮力质量(g) | 烧杯和水总质量(g) | 比重 | 平均值 |
|---|---|---|---|---|---|---|---|---|---|
| | | | | | | | | | |
| | | | | | | | | | |
| | | | | | | | | | |

## (四)虹吸法

虹吸法适用于测定粒径大于等于5 mm的土的颗粒比重。其中,大于等于20 mm的颗粒含量大于等于土体总质量的10%。由于对粗颗粒土的实际体积测试不准确,故虹吸法测量结果不稳定，只是在粗粒土所占比例较大时才使用，测量得到的比重同样为土颗粒的视比重。

1. 仪器设备

(1)虹吸筒：见图4-7。

(2)台秤：称量10 kg，分度值1 g。

(3)量筒：容积大于2 000 mL。

(4)其他：烘箱、温度计、孔径5 mm及2 mm筛等。

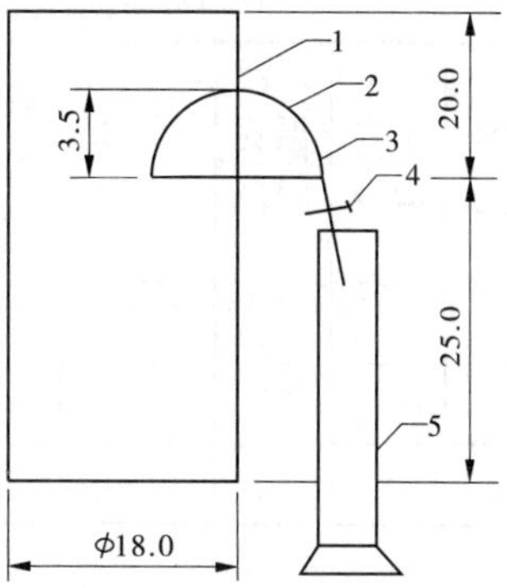


1—虹吸筒；2—虹吸管；3—橡皮管；4—管夹；5—量筒

**图4-7 虹吸筒** (单位:cm)

2. 试验步骤

(1)取粒径大于5 mm具代表性的试样1～7 kg，将试样彻底冲洗，直至颗粒表面无尘土和其他污物。

(2)将试样浸没水中24 h后取出，用毛巾滚擦颗粒表面水分，或者晾晒干，称其质量。

(3)注清水入虹吸筒，至管口有水溢出。待管中水流不再流出后，关闭管夹。将试样缓缓放入筒中，边放边搅，直至无气泡逸出。注意搅动时勿使水溅出虹吸筒外。称量筒的质量。

(4)待虹吸筒中水面平静后，开启管夹，让试样排开的水从虹吸管中流入量筒内。测量筒内水的温度，准确至0.5 ℃，称量筒质量及量筒和水的总质量。

(5)取出虹吸筒内全部试样放于瓷盘中，吸去余水并置于105～110 ℃烘箱中烘干，称其质量，准确至1 g。

本试验必须进行二次平行测定，取其算术平均值，准确至0.01，其平行差值不得大于0.02。

3. 结果整理

按下式计算比重：

$$G_s = \frac{m_s}{(m_1 - m_0) - (m - m_s)} \times G_{wt} \tag{4-15}$$

式中 $G_s$——土粒比重，计算至0.01；

$m_s$——干土质量，g；

$m$——风干试样质量，g；

$m_1$——量筒加水总质量，g；

$m_0$——量筒质量，g；

$G_{wt}$——$t$ ℃时水的比重，精确至0.001。

4. 试验记录

比重试验记录(虹吸筒法)见表4-12。

**表 4-12　比重试验记录(虹吸筒法)**

工程名称________　试样编号________　试验日期________

计 算 者________　校 核 者________　试 验 者________

| 野外编号 | 室内编号 | 温度(℃) | 水的比重 | 烘干土的质量(g) | 风干土的质量(g) | 量筒质量(g) | 量筒加排开水质量(g) | 排开水质量(g) | 吸着水质量(g) | 比重 | 平均值 |
|---|---|---|---|---|---|---|---|---|---|---|---|
| | | | | | | | | | | | |
| | | | | | | | | | | | |
| | | | | | | | | | | | |

# 第二节　颗粒分析试验及土的工程分类

## 一、概述

天然土是由大小不同的颗粒组成的。随着土粒的粒径由粗变细，土的性质也相应地发生很大的变化，如土的渗透性由大变小，由无黏性变为有黏性等。因此，工程中可用不同粒径颗粒的相对含量来描述土的颗粒组成情况。土中不同粒径的土颗粒按适当的粒径范围划分为若干小组，称为粒组。

土中各个粒组的相对含量(各粒组占土粒总质量的百分比)称为土的颗粒级配。这是决定无黏性土工程性质的主要因素，是确定土的名称和选用建筑材料的重要依据。土的颗粒级配是通过土的颗粒分析试验测定的。颗粒分析试验有很多种，常见的有筛析法、比重计法和移液管法等。常用的颗粒级配的表示方法是累计曲线法。根据颗粒分析试验成果，通常用半对数纸绘制，横坐标表示粒径，纵坐标表示小于某粒径的土粒占土总质量的百分比。在颗粒级配累计曲线上可确定两个描述土的级配的指标：不均匀系数 $C_u$ 和曲率系数 $C_c$。

不均匀系数反映不同粒组的分布情况，$C_u$ 越大，表示颗粒大小分布范围越广，越不均匀，土的级配越良好。曲率系数 $C_c$ 是描述累计曲线整体形状的指标。一般工程中将 $C_u<5$ 的土称为匀粒土，属级配不良；$C_u>10$ 的土称为级配良好土。考虑累计曲线整体形状，一般认为：砾类土或砂类土同时满足 $C_u>5$ 及 $C_c=1\sim3$ 两个条件时，称为级配良好。

颗粒级配可以在一定程度上反映土的某些性质。级配良好的土，较粗颗粒间的孔隙被较细的颗粒所填充，易被压实，因而土的密实度较好，相应地基土的强度和稳定性也较好，透水性和压缩性也较小，适于作地基填方的土料。

## 二、筛析法

### (一)适用范围

筛析法适用于粒径小于等于 60 mm、大于 0.075 mm 的土。

**（二）仪器设备**

（1）分析筛：

①粗筛，孔径为60、40、20、10、5、2 mm。

②细筛，孔径为2.0、1.0、0.5、0.25、0.1、0.075 mm。

（2）天平：称量1 000 g，感量0.1 g，称量200 g，感量0.01 g。

（3）台秤：称量5 kg，感量1 g。

（4）摇筛机。

（5）其他：瓷盘、毛刷、白纸、木碾、橡皮板等。

**（三）筛析法的取样质量**

筛析法的取样质量应符合表4-13的规定。

**表4-13　取样质量**

| 颗粒尺寸（mm） | 取样质量（g） |
|---|---|
| <2 | 100～300 |
| <10 | 300～1 000 |
| <20 | 1 000～2 000 |
| <40 | 2 000～4 000 |
| <60 | 4 000以上 |

**（四）筛析法试验步骤**

筛析法试验，应按下列步骤进行：

（1）按规定称取试样质量，应准确至0.1 g，试样数量超过500 g时，应准确至1 g。

（2）将试样过2 mm筛，称筛上和筛下的试样质量。当筛下的试样质量小于试样总质量的10%时，不作细筛分析；筛上的试样质量小于试样总质量的10%时，不作粗筛分析。

（3）取筛上的试样倒入依次叠好的粗筛中，筛下的试样倒入依次叠好的细筛中，进行筛析。细筛宜置于振筛机上震筛，振筛时间宜为10～15 min。再按由上而下的顺序将各筛取下，称各级筛上及底盘内试样的质量，应准确至0.1 g。

（4）筛后各级筛上和筛底上试样质量的总和与筛前试样总质量的差值，不得大于试样总质量的1%。

注意：根据土的性质和工程要求可适当增减不同筛径的分析筛。

**（五）含有细粒土颗粒砂土筛析法试验步骤**

含有细粒土颗粒的砂土的筛析法试验，应按下列步骤进行：

（1）按规定称取代表性试样，置于盛水容器中充分搅拌，使试样的粗细颗粒完全分离。

（2）将容器中的试样悬液通过2 mm筛，取筛上的试样烘至恒量，称烘干试样质量，应准确至0.1 g，并按（四）中（3）、（4）款的步骤进行粗筛分析，取筛下的试样悬液，用带橡皮头的研杵研磨，再过0.075 mm筛，并将筛上试样烘至恒量，称烘干试样质量，应准确至0.1 g，然后按（四）中（3）、（4）款的步骤进行细筛分析。

（3）当粒径小于 0.075 mm 的试样质量大于试样总质量的 10% 时，应按密度计法或移液管法测定小于 0.075 mm 的颗粒组成。

**（六）结果整理**

（1）小于某粒径的试样质量占试样总质量的百分比，应按下式计算：

$$X = \frac{m_A}{m_B} d_x \tag{4-16}$$

式中 $X$——小于某粒径的试样质量占试样总质量的百分比（%）；

$m_A$——小于某粒径的试样质量，g；

$m_B$——细筛分析时为所取的试样质量，粗筛分析时为试样总质量，g；

$d_x$——粒径小于 2 mm 的试样质量占试样总质量的百分比（%）。

（2）以小于某粒径的试样质量占试样总质量的百分比为纵坐标、颗粒粒径为横坐标，在单对数坐标上绘制颗粒大小分布曲线，见图 4-8。

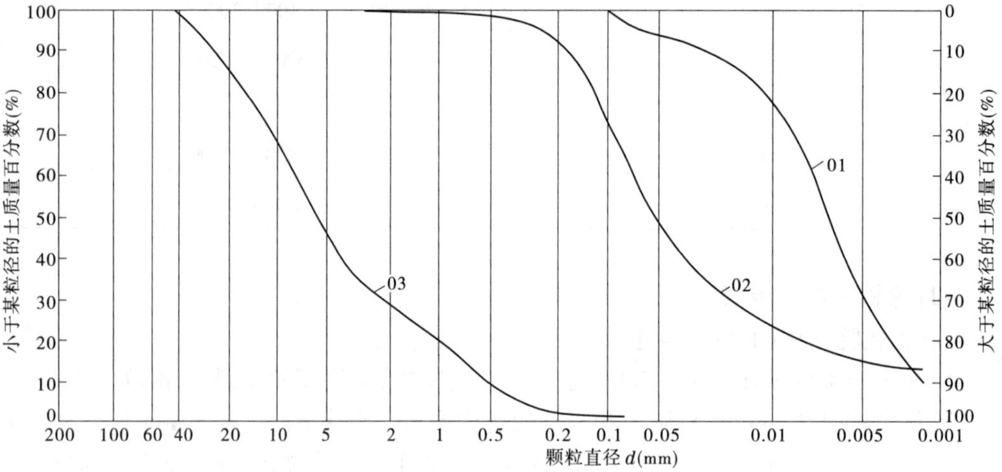


| 卵石或碎石 | 粗 | 中 | 细 | 粗 | 中 | 细 | 粉粒 | 黏粒 |
|---|---|---|---|---|---|---|---|---|
| | 砾 | | | 砂粒 | | | | |

| 试样编号 | 粗粒土(>0.075 mm) | | | | | 土的分类 | 细粒土(<0.075 mm) | |
|---|---|---|---|---|---|---|---|---|
| | >60(%) | 砾(%) | 砂(%) | $C_u = \frac{d_{60}}{d_{10}}$ | $C_c = \frac{d_{30}^2}{d_{10}d_{60}}$ | | 0.075~0.005 | <0.005 |
| | | | | | | | | |
| | | | | | | | | |
| | | | | | | | | |

工程编号______
钻孔编号______
土样说明______
试验日期______
试 验 者______
计 算 者______
制 图 者______
试验方法______
校 核 者______

**图 4-8 颗粒大小分布曲线**

## 三、比重计法

**（一）适用范围**

本试验方法适用于粒径小于 0.075 mm 的试样。

**(二)仪器设备**

(1)密度计:

①甲种密度计,刻度 $-5° \sim 50°$,最小分度值为 0.5°。

②乙种密度计(20 ℃/20 ℃),刻度为 0.995 ~ 1.020,最小分度值为 0.000 2。

(2)量筒:内径约 60 mm,容积 1 000 mL,高约 420 mm,刻度 0 ~ 1 000 mL,精确至 10 mL。

(3)洗筛:孔径 0.075 mm。

(4)洗筛漏斗:上口直径大于洗筛直径,下口直径略小于量筒内径。

(5)天平:称量 1 000 g,最小分度值 0.1 g;称量 200 g,最小分度值 0.01 g。

(6)搅拌器:轮径 50 mm,孔径 3 mm,杆长约 450 mm,带螺旋叶。

(7)煮沸设备:附冷凝管装置。

(8)温度计:刻度 0 ~ 50 ℃,最小分度值 0.5 ℃。

(9)其他:秒表,锥形瓶(容积 500 mL)、研钵、木杵、电导率仪等。

**(三)试剂**

本试验所用试剂应符合下列规定:

(1)4% 六偏磷酸钠溶液:溶解 4 g 六偏磷酸钠于 100 mL 水中。

(2)5% 酸性硝酸银溶液:溶解 5 g 硝酸银于 100 mL 的 10% 硝酸溶液中。

(3)5% 酸性氯化钡溶液:溶解 5 g 氯化钡于 100 mL 的 10% 盐酸溶液中。

**(四)试验步骤**

比重计法试验,应按下列步骤进行:

(1)试验的试样,宜采用风干试样。当试样中易溶盐含量大于 0.5% 时,应洗盐。易溶盐含量的检验方法可用电导法或目测法。

①电导法。按电导率仪使用说明书操作测定 $T$ ℃试样溶液(土水比为 1∶5)的电导率,并按下式计算 20 ℃时的电导率:

$$K_{20} = \frac{K_T}{1 + 0.02(T - 20)} \tag{4-17}$$

式中 $K_{20}$——20 ℃时悬液的电导率,μs/cm;

$K_T$——$T$ ℃时悬液的电导率,μs/cm;

$T$——测定时悬液的温度,℃。

当 $K_{20} > 1\ 000$ μs/cm 时,应洗盐。

注意:当 $K_{20} > 2\ 000$ μs/cm 时,应按规定测定易溶盐含量。

②目测法。取风干试样 3 g 于烧杯中,加适量纯水调成糊状研散,再加纯水 25 mL,煮沸 10 min,冷却后移入试管中,放置过夜,观察试管,出现凝聚现象应洗盐。易溶盐含量应按规定步骤测定。

③洗盐方法。称取干土质量为 30 g 的风干试样质量,准确至 0.01 g,倒入 500 mL 的锥形瓶中,加纯水 200 mL,搅拌后用滤纸过滤或抽气过滤,并用纯水洗滤到滤液的电导率 $K_{20} < 1\ 000$ μs/cm(或对 5% 酸性硝酸银溶液和 5% 酸性氯化钡溶液无白色沉淀反应)为止。滤纸上的试样按规定步骤进行操作。

(2)称取具有代表性风干试样 200 ~ 300 g,过 2 mm 筛,求出筛上试样占试样总质量的百分比。取筛下土测定试样风干含水率。

(3)试样干质量为 30 g 的风干试样质量按下式计算:

当易溶盐含量小于 1% 时

$$m_0 = 30(1 + 0.01\omega_0) \tag{4-18}$$

当易溶盐含量大于等于 1% 时

$$m_0 = \frac{30(1 + 0.01\omega_0)}{W} \tag{4-19}$$

式中　$W$——易溶盐含量(%)。

(4)将风干试样或洗盐后在滤纸上的试样倒入 500 mL 锥形瓶,注入纯水 200 mL,浸泡过夜,然后置于煮沸设备上煮沸,煮沸时间宜为 40 min。

(5)将冷却后的悬液移入烧杯中,静置 1 min,通过洗筛漏斗将上部悬液过 0. 075 mm 筛,遗留杯底沉淀物用带橡皮头研杵研散,再加适量水搅拌,静置 1 min,再将上部悬液过 0. 075 mm 筛,如此重复倾洗(每次倾洗,最后所得悬液不得超过 1 000 mL)直至杯底砂粒洗净,将筛上和杯中砂粒合并洗入蒸发皿中,倾去清水,烘干,称量并按规定步骤进行细筛分析,并计算各级颗粒占试样总质量的百分比。

(6)将过筛悬液倒入量筒,加入 4% 六偏磷酸钠 10 mL,再注入纯水至 1 000 mL。

注意:对加入六偏磷酸钠后仍产生凝聚的试样应选用其他分散剂。

(7)将搅拌器放入量筒中,沿悬液深度上下搅拌 1 min,取出搅拌器,立即开动秒表,将密度计放入悬液中,测记 0. 5、1、2、5、15、30、60、120 min 和 1 440 min 时的密度计读数。每次读数均应在预定时间前 10 ~ 20 s 将密度计放入悬液中,接近读数的深度,保持密度计浮泡处在量筒中心,不得贴近量筒内壁。

(8)密度计读数均以弯液面上缘为准。甲种密度计应准确至 0. 5,乙种密度计应准确至 0. 000 2。每次读数后,应取出密度计放入盛有纯水的量筒中,并测定相应的悬液温度,准确至 0. 5 ℃。放入或取出密度计时,应小心轻放,不得扰动悬液。

**(五)结果整理**

(1)小于某粒径的试样质量占试样总质量的百分比应按下式计算:

①甲种密度计:

$$X = \frac{100}{m_d} C_G (R + m_T + n - C_D) \tag{4-20}$$

式中　$X$——小于某粒径的试样质量百分比(%);

$m_d$——试样干质量,g;

$C_G$——土粒比重校正值,查表 4-14;

$m_T$——悬液温度校正值,查表 4-15;

$n$——弯月面校正值;

$C_D$——分散剂校正值;

$R$——甲种密度计读数。

②乙种密度计:

$$X = \frac{100V_x}{m_d}C'_G[(R'-1)+m'_T+n'-C'_D]\rho_{w20} \tag{4-21}$$

式中　$C'_G$——土粒比重校正值，查表4-14；

$m'_T$——悬液温度校正值，查表4-15；

$n'$——弯月面校正值；

$C'_D$——分散剂校正值；

$R'$——乙种密度计读数；

$V_x$——悬液体积（=1 000 mL）；

$\rho_{w20}$——20 ℃时纯水的密度，$\rho_{w20}$=0.998 232 g/cm$^3$。

**表4-14　土粒比重校正值**

| 土粒比重 | 比重校正值 | |
|---|---|---|
| | 甲种密度计 $C_G$ | 乙种密度计 $C'_G$ |
| 2.50 | 1.038 | 1.666 |
| 2.52 | 1.032 | 1.658 |
| 2.54 | 1.027 | 1.649 |
| 2.56 | 1.022 | 1.641 |
| 2.58 | 1.017 | 1.632 |
| 2.60 | 1.012 | 1.625 |
| 2.62 | 1.007 | 1.617 |
| 2.64 | 1.002 | 1.609 |
| 2.66 | 0.998 | 1.603 |
| 2.68 | 0.993 | 1.595 |
| 2.70 | 0.989 | 1.588 |
| 2.72 | 0.985 | 1.581 |
| 2.74 | 0.981 | 1.575 |
| 2.76 | 0.977 | 1.568 |
| 2.78 | 0.973 | 1.562 |
| 2.80 | 0.969 | 1.556 |
| 2.82 | 0.965 | 1.549 |
| 2.84 | 0.961 | 1.543 |
| 2.86 | 0.958 | 1.538 |
| 2.88 | 0.954 | 1.532 |

表 4-15　温度校正值

| 悬液温度（℃） | 甲种密度计温度校正值 $m_T$ | 乙种密度计温度校正值 $m'_T$ | 悬液温度（℃） | 甲种密度计温度校正值 $m_T$ | 乙种密度计温度校正值 $m'_T$ |
|---|---|---|---|---|---|
| 10.0 | -2.0 | -0.001 2 | 20.0 | 0.0 | 0.000 0 |
| 10.5 | -1.9 | -0.001 2 | 20.5 | +0.1 | +0.000 1 |
| 11.0 | -1.9 | -0.001 2 | 21.0 | +0.3 | +0.000 2 |
| 11.5 | -1.8 | -0.001 1 | 21.5 | +0.5 | +0.000 3 |
| 12.0 | -1.8 | -0.001 1 | 22.0 | +0.6 | +0.000 4 |
| 12.5 | -1.7 | -0.001 0 | 22.5 | +0.8 | +0.000 5 |
| 13.0 | -1.6 | -0.001 0 | 23.0 | +0.9 | +0.000 6 |
| 13.5 | -1.5 | -0.000 9 | 23.5 | +1.1 | +0.000 7 |
| 14.0 | -1.4 | -0.000 9 | 24.0 | +1.3 | +0.000 8 |
| 14.5 | -1.3 | -0.000 8 | 24.5 | +1.5 | +0.000 9 |
| 15.0 | -1.2 | -0.000 8 | 25.0 | +1.7 | +0.001 0 |
| 15.5 | -1.1 | -0.000 7 | 25.5 | +1.9 | +0.001 1 |
| 16.0 | -1.0 | -0.000 6 | 26.0 | +2.1 | +0.001 3 |
| 16.5 | -0.9 | -0.000 6 | 26.5 | +2.2 | +0.001 4 |
| 17.0 | -0.8 | -0.000 5 | 27.0 | +2.5 | +0.001 5 |
| 17.5 | -0.7 | -0.000 4 | 27.5 | +2.6 | +0.001 6 |
| 18.0 | -0.5 | -0.000 3 | 28.0 | +2.9 | +0.001 8 |
| 18.5 | -0.4 | -0.000 3 | 28.5 | +3.1 | +0.001 9 |
| 19.0 | -0.3 | -0.000 2 | 29.0 | +3.3 | +0.002 1 |
| 19.5 | -0.1 | -0.000 1 | 29.5 | +3.5 | +0.002 2 |

（2）试样颗粒粒径应按下式计算：

$$d = \sqrt{\frac{1\ 800 \times 10^4 \eta}{(G_s - G_{wT})\rho_{wT} g} \frac{L}{t}} \tag{4-22}$$

式中　$d$——试样颗粒粒径，mm；

$\eta$——水的动力黏滞系数，kPa · s × $10^{-6}$，查表 4-16；

$G_s$——土粒比重，计算至 0.01；

$G_{wT}$——$T$ ℃时水的比重；

$\rho_{wT}$——$T$ ℃时纯水的密度，g/cm$^3$；

$L$——某一时间内的土粒沉降距离，cm；

$t$——沉降时间,s;

$g$——重力加速度,$cm/s^2$。

**表 4-16 动力黏滞系数**

| 温度(℃) | 动力黏滞系数 $\eta$($kPa \cdot s \times 10^{-6}$) | 温度(℃) | 动力黏滞系数 $\eta$($kPa \cdot s \times 10^{-6}$) |
|---|---|---|---|
| 5.0 | 1.516 | 17.5 | 1.074 |
| 5.5 | 1.498 | 18.0 | 1.061 |
| 6.0 | 1.470 | 18.5 | 1.048 |
| 6.5 | 1.449 | 19.0 | 1.035 |
| 7.0 | 1.428 | 19.5 | 1.022 |
| 7.5 | 1.407 | 20.0 | 1.010 |
| 8.0 | 1.387 | 20.5 | 0.998 |
| 8.5 | 1.367 | 21.0 | 0.986 |
| 9.0 | 1.347 | 21.5 | 0.974 |
| 9.5 | 1.328 | 22.0 | 0.968 |
| 10.0 | 1.310 | 22.5 | 0.952 |
| 10.5 | 1.292 | 23.0 | 0.941 |
| 11.0 | 1.274 | 24.0 | 0.919 |
| 11.5 | 1.256 | 25.0 | 0.899 |
| 12.0 | 1.239 | 26.0 | 0.879 |
| 12.5 | 1.223 | 27.0 | 0.859 |
| 13.0 | 1.206 | 28.0 | 0.841 |
| 13.5 | 1.188 | 29.0 | 0.823 |
| 14.0 | 1.175 | 30.0 | 0.806 |
| 14.5 | 1.160 | 31.0 | 0.789 |
| 15.0 | 1.144 | 32.0 | 0.773 |
| 15.5 | 1.130 | 33.0 | 0.757 |
| 16.0 | 1.115 | 34.0 | 0.742 |
| 16.5 | 1.101 | 35.0 | 0.727 |
| 17.0 | 1.088 | | |

(3)颗粒大小分布曲线,应按规定步骤绘制,当密度计法和筛析法联合分析时,应将试样总质量折算后绘制颗粒大小分布曲线,并应将两段曲线连成一条平滑的曲线。

**(六)试验记录**

颗粒分析试验记录(密度计法)见表 4-17。

**表 4-17　颗粒分析试验记录(密度计法)**

工程名称____________　　　　　　　　　　　　试验者____________

土样编号____________风干土质量____________　计算者____________

试验日期____________干土总质量＿＿30 g＿＿　校核者____________

小于 0.075 mm 颗粒土质量百分数____________　密度计号____________

湿土质量____________　　　　　　　　　　　　量筒号____________

含水率____________　　　　　　　　　　　　　烧瓶号____________

干土质量____________　　　　　　　　　　　　土粒比重____________

含盐量____________　　　　　　　　　　　　　比重校正值____________

试样处理说明____________　　　　　　　　　　弯液面校正值____________

| 试验时间 | 下沉时间 $t$(min) | 悬液温度 $T$(℃) | 密度计读数 | | | | | 土粒落距 $L$ | 粒径 $d$(mm) | 小于某粒径的土质量百分数 | 小于某粒径的总土质量百分数(%) |
|---|---|---|---|---|---|---|---|---|---|---|---|
| | | | 密度计读数 $R$ | 温度校正值 $m$ | 分散剂校正值 $C_D$ | $R_M = R + m + n - C_D$ | $R_H = R_M \times C_G$ | | | | |
| | | | | | | | | | | | |
| | | | | | | | | | | | |

## 四、移液管法

### (一)适用范围

移液管法适用于粒径小于 0.075 mm 的试样。

### (二)仪器设备

(1)移液管(见图 4-9):容积 25 mL。

(2)烧杯:容积 50 mL。

(3)天平:称量 200 g,最小分度值 0.001 g。

(4)其他:与密度计法相同。

### (三)移液管法试验步骤

移液管法试验,应按下列步骤进行:

(1)取代表性试样,黏土 10 ~ 15 g;砂土 20 g,准确至 0.001,并按规定的步骤制备悬液。

(2)将装置悬液的量筒置于恒温水槽中,测记悬液温度,准确至 0.5 ℃,试验过程中悬液温度变化范围为 ±0.5 ℃。按规定计算粒径小于 0.05、0.01、0.005、0.002 mm 和其他所需粒径下沉一定深度所需的静置时间(或查表 4-18)。

(3)用搅拌器沿悬液深度上、下搅拌 1 min,取出搅拌器,开动秒表,将移液管的二通阀置于关闭位置、三通阀置于移液管和吸球相通的位置,根据各粒径所需的静置时间,提前 10 s 将移液管放入悬液中,浸入深度为 10 cm,用吸球吸取悬液。吸取量应不少于 25 mL。

(4)旋转三通阀,使吸球与放液口相通,将多余的悬液从放液口流出,收集后倒入原悬液中。

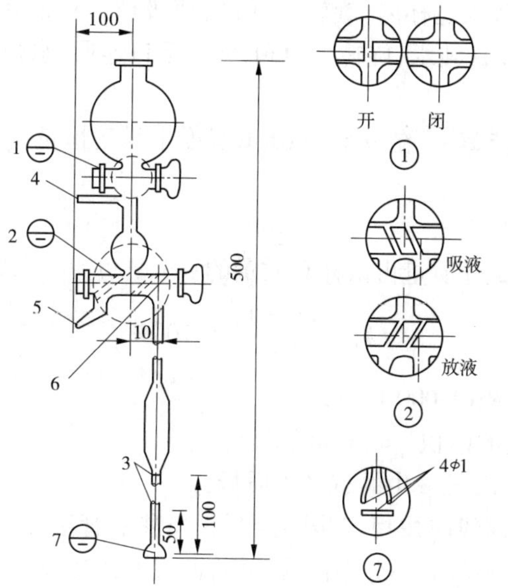


1—通阀;2—三通阀;3—移液管;4—接吸球; 5—放液口;
6—移液管容积(25 ±0. 5 mL);7—移液管口

**图 4-9　移液管装置**

**表 4-18　土粒在不同温度静水中沉降时间**

| 土粒比重 | 土粒直径(mm) | 沉降距离(cm) | 10 ℃ (h min s) | 12.5 ℃ (h min s) | 15 ℃ (h min s) | 17.5 ℃ (h min s) | 20 ℃ (h min s) | 22.5 ℃ (h min s) | 25 ℃ (h min s) | 27.5 ℃ (h min s) | 30 ℃ (h min s) | 32.5 ℃ (h min s) | 35 ℃ (h min s) |
|---|---|---|---|---|---|---|---|---|---|---|---|---|---|
| 2.60 | 0.050 | 25.0 | 2 29 | 2 9 | 2 10 | 2 02 | 1 55 | 1 49 | 1 43 | 1 37 | 1 32 | 1 27 | 1 23 |
| | 0.050 | 12.5 | 1 14 | 1 09 | 1 05 | 1 01 | 58 | 54 | 51 | 48 | 46 | 44 | 41 |
| | 0.010 | 10.0 | 24 52 | 23 12 | 21 45 | 20 24 | 19 14 | 18 06 | 17 06 | 16 09 | 15 39 | 14 38 | 13 49 |
| | 0.005 | 10.0 | 39 26 | 1 32 48 | 1 26 59 | 1 21 37 | 1 12 55 | 1 12 24 | 1 06 35 | 1 04 14 | 1 01 10 | 58 23 | 55 16 |
| 2.65 | 0.050 | 25.0 | 2 25 | 2 15 | 2 06 | 1 59 | 1 52 | 1 45 | 1 40 | 1 34 | 1 29 | 1 25 | 1 20 |
| | 0.050 | 12.5 | 1 12 | 1 07 | 1 03 | 59 | 56 | 53 | 50 | 47 | 44 | 42 | 40 |
| | 0.010 | 10.0 | 23 24 | 21 50 | 20 28 | 19 13 | 18 06 | 17 02 | 16 06 | 15 12 | 14 23 | 13 41 | 13 00 |
| | 0.005 | 10.0 | 36 37 | 1 29 59 | 1 24 21 | 1 19 08 | 1 14 34 | 1 10 12 | 1 06 21 | 1 02 38 | 59 19 | 56 24 | 53 34 |
| 2.70 | 0.050 | 25.0 | 2 20 | 2 11 | 2 03 | 1 55 | 1 49 | 1 42 | 1 36 | 1 31 | 1 21 | 1 22 | 1 18 |
| | 0.050 | 12.5 | 1 10 | 1 05 | 1 01 | 58 | 54 | 51 | 48 | 45 | 43 | 41 | 39 |
| | 0.010 | 10.0 | 23 24 | 21 50 | 20 28 | 19 13 | 18 06 | 17 02 | 16 06 | 15 12 | 14 23 | 13 41 | 13 00 |
| | 0.005 | 10.0 | 33 38 | 1 27 21 | 1 21 54 | 1 16 50 | 1 12 24 | 1 08 10 | 1 04 24 | 1 00 47 | 57 34 | 54 44 | 52 00 |
| 2.75 | 0.050 | 25.0 | 2 16 | 2 07 | 1 59 | 1 52 | 1 45 | 1 39 | 1 34 | 1 28 | 1 24 | 1 21 | 1 16 |
| | 0.050 | 12.5 | 1 08 | 1 04 | 1 00 | 56 | 53 | 50 | 47 | 44 | 42 | 40 | 38 |
| | 0.010 | 10.0 | 22 44 | 21 13 | 19 53 | 18 40 | 17 35 | 16 33 | 15 38 | 14 46 | 13 59 | 13 26 | 12 37 |
| | 0.005 | 10.0 | 30 55 | 1 24 52 | 1 19 33 | 1 14 38 | 110 19 | 1 06 13 | 1 02 34 | 59 04 | 55 56 | 53 48 | 50 31 |
| 2.80 | 0.050 | 25.0 | 2 13 | 2 04 | 1 56 | 1 49 | 1 42 | 1 36 | 1 31 | 1 26 | 1 21 | 1 17 | 1 14 |
| | 0.050 | 12.5 | 1 06 | 1 02 | 58 | 54 | 51 | 48 | 48 | 43 | 41 | 39 | 37 |
| | 0.010 | 10.0 | 22 06 | 20 38 | 19 20 | 18 09 | 17 05 | 16 06 | 15 12 | 14 21 | 13 35 | 12 55 | 12 17 |
| | 0.005 | 10.0 | 28 25 | 1 22 30 | 1 17 20 | 1 12 33 | 1 08 22 | 1 04 22 | 100 50 | 57 25 | 54 21 | 51 42 | 49 07 |

**注**:表也可以固定相同的沉降距离。

(5)将移液管下口放入烧杯内，旋转三通阀，使吸球与移液管相通，用吸球将悬液挤入烧杯中，从上口倒入少量纯水，旋转二通阀，使上下口连通，水则通过移液管将悬液洗入烧杯中。

(6)将烧杯内的悬液蒸干，在 105 ~ 110 ℃温度下烘至恒量，称烧杯内试样质量，准确至 0.001 g。

**(四)结果整理**

(1)小于某粒径的试样质量占试样总质量的百分比，应按下式计算：

$$X = \frac{m_x \cdot V_x}{V'_x \cdot m_d} \times 100\% \tag{4-23}$$

式中 $V_x$——悬液总体积(1 000 mL)；

$V'_x$——吸取悬液的体积( =25 mL)；

$m_x$——吸取 25 mL 悬液中的试样干质量，g。

(2)颗粒大小分布曲线应按规定步骤绘制。当移液管法和筛析法联合分析时，应将试样总质量折算后绘制颗粒大小分布曲线，并将两段曲线连成一条平滑的曲线。

**(五)记录数据**

颗粒分析试验记录(移液管法)见表 4-19。

**表 4-19 颗粒分析试验记录(移液管法)**

工程名称________ 试验者________

土样编号________ 计算者________

试验日期________ 校核者________

<2 mm 颗粒土质量百分数________ 三角烧瓶号________

<0.075 mm 颗粒土质量百分数________ 烧杯号________

试样干质量 $m_d$ ________ g 量筒号________

土粒比重($G_s$)________ 吸管体积________ mL

| 粒径(mm) | 杯号 | 杯加土质量(g) | 杯质量(g) | 吸管内悬液质量(g) | 1 000 mL 量筒内土质量(g) | 小于某粒径土质量百分数(%) | 小于某粒径土占总土质量百分数(%) |
|---|---|---|---|---|---|---|---|
| (1) | (2) | (3) | (4) | (5) = (3) - (4) | (6) | (7) | (8) |
| <0.05 | | | | | | | |
| <0.01 | | | | | | | |
| <0.005 | | | | | | | |

# 第三节 土的物理状态指标的测定

## 一、概述

所谓黏性土，就是指具有可塑状态性质的土，它们在外力的作用下，可塑成任何形状而不产生裂缝，当外力去掉后，仍可保持原形状不变。土的这种性质叫作可塑性。含水量对黏性土的工程性质有着极大的影响。随着黏性土含水量的增大，土成泥浆，呈黏滞流动的液体。当施加剪力时，泥浆将连续变形，土的抗剪强度极低。当含水量逐渐降低到某一值时，土显示出一定的抗剪强度，并具有可塑性。这些特征与液体完全不同，它表现为塑性体的特征。当含水量继续降低时，土能承受较大的剪应力，在外力作用下不再具有塑性体特征，而呈现具有脆性的固体特征。

随着含水量的不断增加，黏性土的状态变化为固态—半固态—可塑状态—流动状态，相应土的承载力逐渐下降。黏性土从一种状态过渡到另一种状态的分界含水量称为界限含水量。

塑限是指黏性土的可塑状态与半固体状态的界限含水率。

液限是指黏性土的可塑状态和流动状态的界限含水率。

通过测定黏性土的液限 $\omega_L$ 和塑限 $\omega_P$，并由此计算液性指数 $I_L$、塑性指数 $I_P$，进行黏性土的定名及判别黏性土的软硬程度。测定方法较多，主要有液塑限联合测定法、碟式仪液限试验法和搓条法塑限试验法等。

## 二、液塑限联合测定法

### （一）适用范围

本试验方法适用于粒径小于 0.5 mm 以及有机质含量不大于试样总量 5% 的土。

应尽可能选用具有代表性的天然含水量的土样来测定。当土样不均匀时，采用风干试样，若试样中含有粒径大于 0.5 mm 的土粒和杂物，应将土样过 0.5 mm 筛方可试验。

### （二）仪器设备

光电式液塑限联合测定仪（见图 4-10）：包括带标尺的圆锥仪、电磁铁、显示屏、控制开关和试样杯。圆锥质量为 76 g，锥角为 30°，读数显示采用光电式，试样杯内径为 40 mm，高度为 30 mm。

天平：称量 200 g，感量 0.01 g。

其他：烘箱、孔径为 0.5 mm 的标准筛、调土刀、调土皿、称量盒、凡士林等。

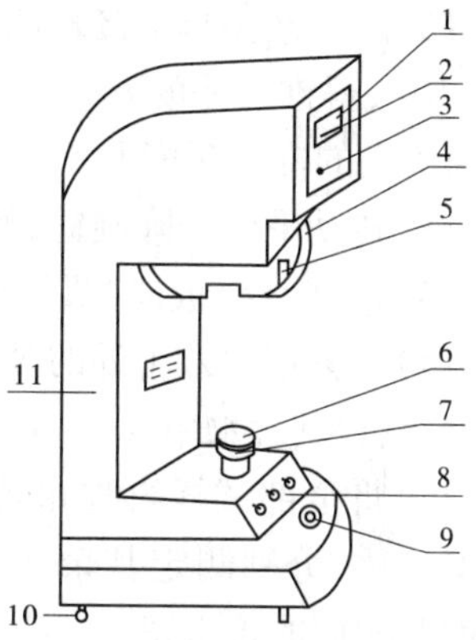


1—投影屏；2—零线；3—微调旋钮；4—下罩；5—光源灯泡；6—工作台；7—升降旋钮；8—电器面板；9—水准器；10—调节螺灯；11—后盖板电路板

**图 4-10 光电式液塑限仪结构示意图**

### （三）试验步骤

（1）本试验宜采用天然含水率试样。当土样不均匀时，采用风干试样；当试样中含有粒径大于 0.5 mm 的土粒和杂物时，应过 0.5 mm 筛。

（2）当采用天然含水量土样时，取代表性土样 250 g；采用风干试样时，取 0.5 mm 筛下的代表性土样 200 g，分开放入三个盛土皿中，加入不同数量的蒸馏水，土样的含水率分别控制在液限（*a* 点）、略大于塑限（*c* 点）和二者的中间状态（*b* 点）。用调土刀调匀，浸润 24 h。测定 *a* 点的锥入深度，应为 15 ~ 17 mm，测定 *c* 点的锥入深度，应在 3 ~ 4 mm；测定 *b*

点的锥入深度，应为7～9 mm。

(3)用调土刀将制备好的试样放在调土板上充分拌均匀，然后将拌匀的土样分层装入试杯中，并注意土中不能留有空隙，对较干的试样应充分搓揉，密实地填入试样杯中，填满后刮平表面。刮去多余土时，不得用刀在土面上反复涂抹。

(4)调节底脚螺钉，使水准器气泡居中。

(5)将开关扳向"开"方向，此时，"电源"、"磁铁"灯亮。

(6)在圆锥上抹一薄层凡士林，使用电磁铁吸牢圆锥仪(此时投影屏上线条字迹应清晰，圆锥仪无晃动；反之则未吸好，应重新吸好)。

(7)转动微调旋钮，使投影屏零线与微分尺零线重合。

(8)将"手自"扳向"手"或"自"方向。

(9)将调好土样的试样杯放在联合测定仪的升降座上，调整升降座，使锥尖刚好与试样面接触。在"手"位置时，当土样与锥尖刚接触，"接触"灯亮。

(10)将"吸放"扳向"放"方向，此时圆锥仪下落，仪器自动及时，5 s后发出讯响，此时立即在投影屏上读出圆锥仪入土深度。

(11)若在"自"位置，当土样与锥尖刚接触，"接触"灯亮，此时圆锥仪自动下落，并开始计时，5 s后发出讯响，此时立即在投影屏上读出圆锥仪入土深度 $h_1$。

(12)改变锥尖与土接触位置(锥尖两次锥入位置距离不小于1 cm)，重复本试验步骤(9)、(10)，得锥入深度 $h_2$。$h_1$、$h_2$ 允许平行误差为0.5 mm，否则应重做。取 $h_1$、$h_2$ 平均值作为该点的锥入深度 $h$。

(13)转动平台升降旋钮，使试样杯下降，取下圆锥仪与试样杯。

(14)将"吸放"扳向"吸"方向。

(15)挖去锥尖入土处的凡士林，用调土刀取锥孔附近的土样(10～15 g)2份，放入称量盒中，测定其含水率。

(16)将全部试样再加水或风干并调匀，重复以上步骤，分别测定其余2个试样的圆锥下沉深度及相应的含水率。

**(四)结果整理**

(1)计算各试样的含水率。

$$\omega = \frac{m_1 - m_2}{m_2 - m_3} \times 100\% \qquad (4\text{-}24)$$

式中符号意义与含水率试验相同，精确至0.1%。

(2)绘制圆锥下沉深度 $h$ 与含水率 $\omega$ 的关系曲线。

以含水率为横坐标，圆锥下沉深度为纵坐标，在双对数坐标纸上绘制 $h—\omega$ 的关系曲线，如图4-11所示。

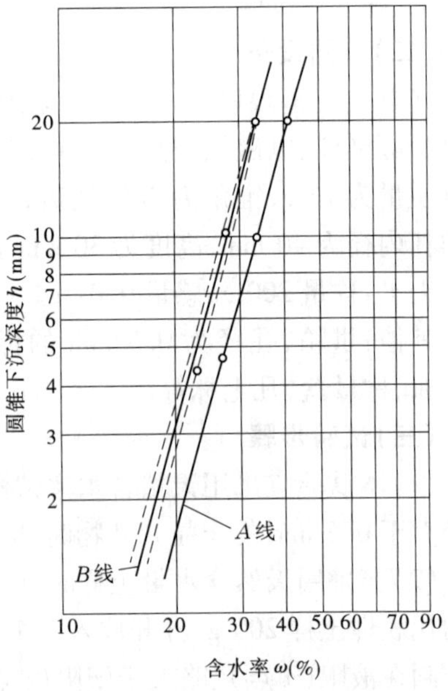

图4-11　圆锥下沉深度与含水率关系曲线

①三点连一条直线。

②当三点不在一直线上，通过高含水率的一点分别与其余两点连成两条直线，在圆锥下沉深度为 2 mm 处查得相应的含水率，当两个含水率的差值小于 2%，应以该两点含水率的平均值与高含水率的点连成一线。当两个含水率的差值大于或等于 2% 时，应重做试验。

(3)确定液限、塑限在圆锥下沉深度 $h$ 与含水率 $\omega$ 关系图上，查得下沉深度为 17 mm 所对应的含水率为液限 $\omega_L$；查得下沉深度为 10 mm 所对应的含水率为 10 mm 液限，查得下沉深度为 2 mm 所对应的含水率为塑限 $\omega_P$，取值以百分数表示，准确至 0.1%。

(4)计算塑性指数和液性指数。

塑性指数：

$$I_P = \omega_L - \omega_P \tag{4-25}$$

液性指数：

$$I_L = \frac{\omega - \omega_P}{I_P} \tag{4-26}$$

(5)按规范规定确定土的名称。

**(五)试验记录**

液限塑限联合试验记录见表 4-20。

**表 4-20　液限塑限联合试验记录**

工程名称__________　试样编号__________　试验日期__________

计 算 者__________　校 核 者__________　试 验 者__________

| 试验编号 | 圆锥下沉深度 $h$(mm) | 称量盒号 | 湿试样质量(g) | 干试样质量(g) | 含水率(%) | 液限(%) | 液限(%) | 塑限(%) | 土的分类 |
|---|---|---|---|---|---|---|---|---|---|
| | | | (1) | (2) | $(3)=\left[\frac{(1)}{(2)}-1\right]\times100\%$ | (4) $h=17$ mm | (5) $h=10$ mm | (6) $h=2$ mm | |
| | | | | | | | | | |
| | | | | | | | | | |

## 三、碟式仪液限试验

**(一)适用范围**

本试验适用于粒径小于 0.5 mm 颗粒组成的土。

**(二)仪器设备**

(1)碟式液限仪：由土碟、支架及底座组成，见图 4-12。其底座由硬橡胶制成，并配有一定形状和尺寸的专用划刀。

(2)天平：称量 200 g，分度值 0.01 g。

(3)其他：烘箱、干燥器、称量盒、调土刀等。

**(三)试验步骤**

(1)试验前的检查校正：

①检查连接土碟的销子 2 是否磨损。

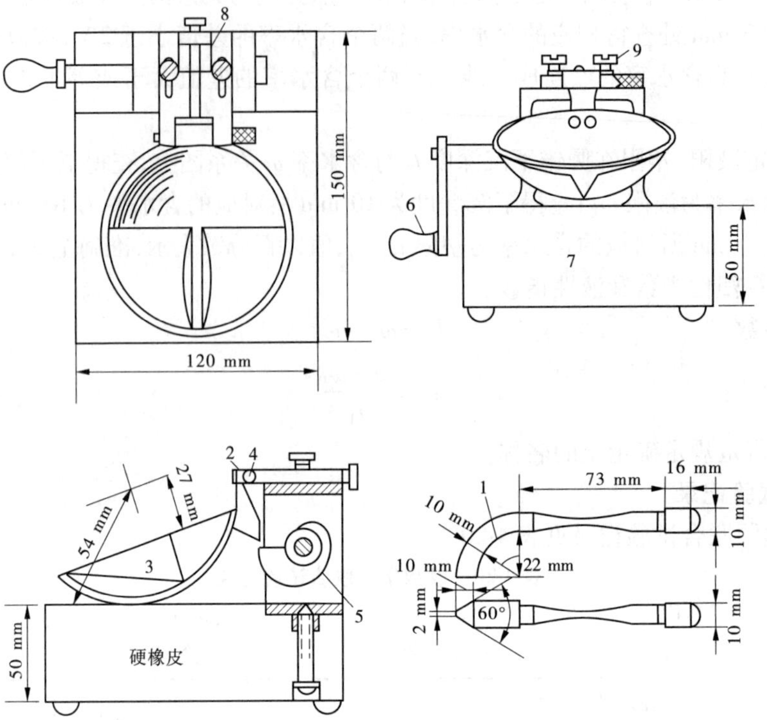


1—划刀;2—销子;3—土碟;4—支架;5—蜗轮;6—摇柄;
7—底座;8—调整板;9—螺丝

**图 4-12　碟式液限仪**

②上紧固定螺丝 9。

③用划刀柄(直径为 10 mm)为量度,前后移动调整板 8,使土碟底至底座 7 之间落高为 10 mm,拧紧螺丝 9,固定调整板。

(2)取已过 0.5 mm 筛的天然或风干试样约 100 g,放在调土皿中,加入纯水,用调土刀进行反复拌匀。

(3)由调土皿中取一部分试样,平铺于土碟的前半部,如图 4-12 所示。铺土时必须注意防止在试样中混入气泡,并用调土刀将试样面修平,使中间最厚处为 10 mm,将多余试样仍放回原来的调土皿中。以蜗轮为中心,用划刀自后向前沿土碟中央将试样划成槽缝清晰的两半,如图 4-13(a)所示。为避免槽缝边扯裂或者是试样在土碟中滑动,允许从前到后,再从后到前多划几次,将槽逐步加深,以代替一次划槽。最后一次从后至前划槽能明显地接触碟底,但宜减少划槽的次数。

(4)以 2 r/s 的速率转动摇柄,使土碟反复起落,坠击于底座上,数其击数,直至试样两边在槽底的合拢长度为 13 mm,如图 4-13(b)所示。记录击数,并在槽的两边采取试样 10 g 左右,测定其含水率。

(5)将土碟中剩余的试样仍移到调土皿中,加水充分拌和均匀,仍按第(1)步至第(3)步至少再做 2 次试验。这 2 次土的稠度应使合拢长度为 13 mm 时所需击数为 15 ~ 35 次(25 次以上和以下各 1 次),然后测定各击次下试样的相应含水率。

图 4-13　划槽及合拢状况

**(四)结果整理**

(1)各击数下合拢时试样的相应含水率:

$$\omega_N = \left(\frac{m_N}{m_d}\right) \times 100\% \tag{4-27}$$

式中　$\omega_N$——$N$ 击数下试样的含水率(%),计算至 0.1%;

$m_N$——$N$ 击数下试样的质量,g;

$m_d$——烘干试样的质量,g。

(2)根据计算结果,在单对数坐标纸上以含水率为纵坐标,以击数为横坐标,绘制含水率与击数关系曲线,见图 4-14。曲线上击数 25 次所对应的含水率,即为该试样的液限。

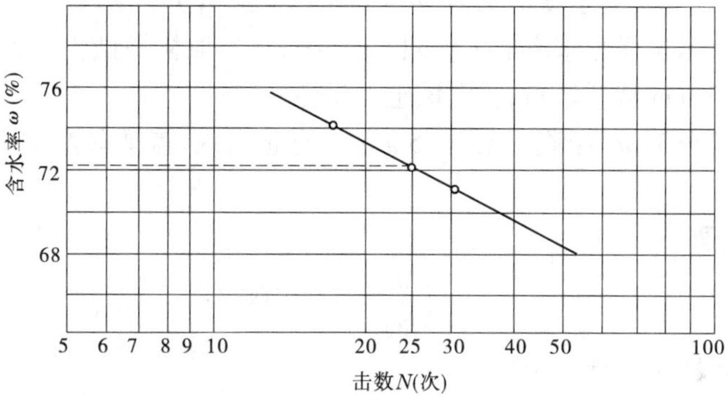


图 4-14　含水率与击数关系曲线

**(五)记录数据**

碟式仪液限试验记录见表 4-21。

表 4-21　碟式仪液限试验记录

工程名称＿＿＿＿＿　试样编号＿＿＿＿＿　试验日期＿＿＿＿＿

计 算 者＿＿＿＿＿　校 核 者＿＿＿＿＿　试 验 者＿＿＿＿＿

| 试验编号 | 击数 $N$(次) | 盒号 | 湿试样质量(g) | 干试样质量(g) | 含水率(%) | 液限(%) | 塑限(%) | 塑性指数 $I_P$ | 液性指数 $I_L$ |
|---|---|---|---|---|---|---|---|---|---|
| | | | (1) | (2) | $(3)=\left[\frac{(1)}{(2)}-1\right]\times 100\%$ | (4) | (5) | (6) | $(7)=\frac{(3)-(5)}{(6)}$ |
| | | | | | | | | | |

## 四、搓条法塑限试验

**(一)适用范围**

本试验适用于粒径小于 0.5 mm 颗粒组成的土。

### （二）主要仪器设备

（1）毛玻璃板：约 200 mm × 300 mm。

（2）直径 3 mm 的金属丝或卡尺。

（3）天平：称量 200 g，分度值 0.01 g。

（4）其他：烘箱、干燥器、称量盒、调土刀等。

### （三）试验步骤

（1）取 0.5 mm 筛下的代表性试样 100 g，加纯水拌和均匀；或者直接从液限试验制备好的试样中取约 30 g 土备用。

（2）为使试样的含水率接近塑限，可先将试样在手中捏揉至不粘手，或用吹风机稍微吹干，然后将试样捏扁。若出现裂缝，表示试样已接近塑限。

（3）取接近塑限的试样 8 ~ 10 g，用手搓成椭圆形，然后用手掌在毛玻璃板上搓滚。搓滚时手掌要均匀施加压力于土条上，不得使土条在毛玻璃板上作无力滚动，土条长度不宜超过手掌宽度，土条不得产生空心现象。

（4）土条搓成直径 3 mm 时未产生裂缝或断裂，表示试样的含水率高于塑限，应将土条捏成一团，重新搓滚，直至土条直径达 3 mm 产生裂缝并开始断裂。当土条直径大于 3 mm时即断裂，表示试样含水率低于塑限，应弃掉，重新取样做试验。若土条在任何含水率下始终搓不到 3 mm 就开始断裂，则该土无塑性。

（5）取直径符合 3 mm 断裂土条 3 ~ 5 g 放入称量盒内，盖紧盒盖，测定其含水率，此含水率即土的塑限。

### （四）结果整理

$$\omega_P = \left(\frac{m}{m_d} - 1\right) \times 100\% \tag{4-28}$$

式中 $\omega_P$——塑限（%），计算至 0.1%；

$m$——湿试样的质量，g。

本试验应进行 2 次平行测定，容许平行差值应符合规定，取其算术平均值。

### （五）记录数据

搓条法塑限试验记录见表 4-22。

**表 4-22　搓条法塑限试验记录**

工程名称________　试样编号________　试验日期________

计 算 者________　校 核 者________　试 验 者________

| 试样编号 | 盒号 | 湿试样质量(g) | 干试样质量(g) | 含水率(%) | 塑限(%) |
|---|---|---|---|---|---|
| | | (1) | (2) | $(3) = \left[\frac{(1)}{(2)} - 1\right] \times 100\%$ | (4) |
| | | | | | |
| | | | | | |

# 第四节　确定土的最大干密度和最优含水率

## 一、概述

土的压实原理在实践中广泛应用于填方工程,如路基、堤坝、飞机跑道、平整场地修建建筑物,以及开挖基坑后回填土、吹填土等。这些填土都要经过压实,以减少其沉降量,降低其透水性,提高其强度。

实际工程中采用的压实方法很多,可归纳为碾压、夯实和振动三类。大量工程实践经验表明,对于过湿的黏性土进行碾压或夯实时会出现软弹现象,土体难以压实,对于很干的土进行碾压或夯实也不能把土充分压实;只有在适当的含水量范围内才能压实。在一定的压实功能下使土最容易压实,并能达到最大密实度时的含水量称为土的最优(或最佳)含水量。与其相对应的密度则称为最大干密度。

土经过压实后可以提高抗剪强度,降低压缩性和透水性,从而大大改善土体工程性质。土的压实效果与压实方法、压实功以及含水率有关。压实功越大,土越容易压实;如果压实方法确定,那么压实后土体密度与含水率有密切关系。土的密实程度常常以干密度 $\rho_d$ 作为评判指标,在确定的压实方法与压实功能下使得土体达到最大干密度的含水率称为最优含水率 $\omega_{op}$。关于击实试验方法和仪器设备的选取情况,我国以往采用轻型击实试验比较多,而高级公路填土和机场跑道一般则会采用重型击实试验。

本试验的目的是用标准的击实方法,测定土的密度与含水率的关系,从而确定土的最大干密度与最优含水率。

本试验分轻型击实和重型击实。轻型击实试验适用于粒径小于 5 mm 的黏性土,重型击实试验适用于粒径不大于 20 mm 的土,采用三层击实时,最大粒径不大于 40 mm。

## 二、仪器设备

标准击实仪:由击实筒、击锤和护筒组成,如图 4-15 ~ 图 4-17所示,击实仪主要部件规格见表 4-23。

烘箱及干燥器。

天平:感量 0.01 g。

电子秤:称量 5 ~ 10 kg,感量 1 g。

标准筛:5 mm、20 mm 或 40 mm 孔径。

电动脱模仪:由电动机、减速箱、推动座、上下托盘、行程控制等部件组成,如图 4-18 所示。

其他:喷水设备、碾土设备、盛土器、修土刀和保湿设备等。

**图 4-15　手动击实仪**
**(轻型,重型)**

## 三、试验步骤

### (一)试样制备

试样制备分为干法制备和湿法制备。

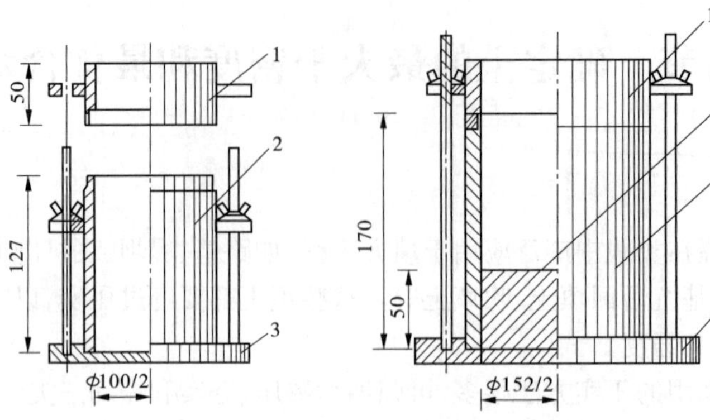


(a)小击实筒　　(b)大击实筒

1—套筒;2—击实筒;3—底板;4—垫块

**图 4-16　击实筒**

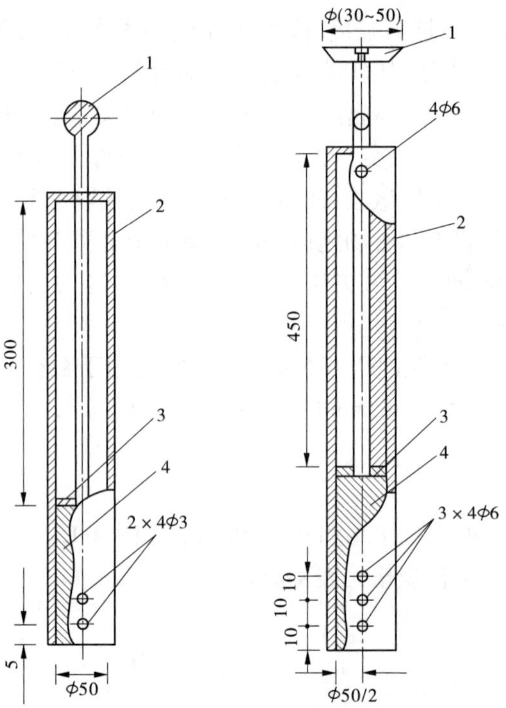


1—提手;2—导筒;3—硬橡皮垫;4—击锤

**图 4-17　击锤与导筒**

**表 4-23　击实仪主要部件规格**

| 试验方法 | 锤底直径（mm） | 锤质量（kg） | 落高（mm） | 内径（mm） | 击实筒筒高（mm） | 容积（$cm^3$） | 护筒高度（mm） |
|---|---|---|---|---|---|---|---|
| 轻型 | 50 | 2. 5 | 30 | 100 | 127 | 997 | 50 |
| 重型 | 50 | 4. 5 | 45 | 152 | 170 | 2 177 | 50 |

1. 干法制备试样

干法制备试样应按下列步骤：

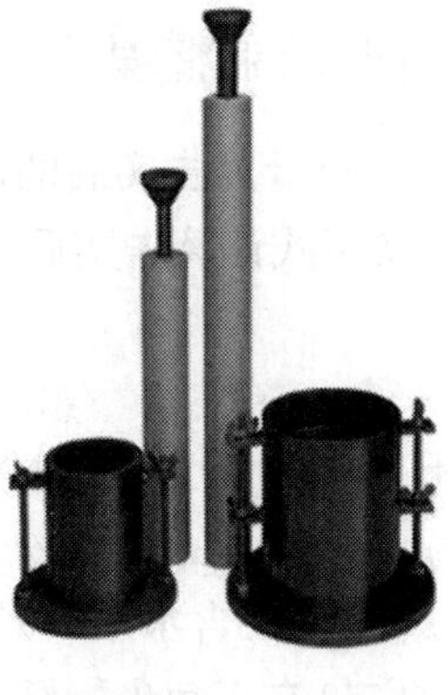
图 4-18　脱模仪

用四分法取代表性土样 3 kg。将风干土样摊铺于盛土盘上，用橡皮锤研散试样中大块的土粒，碾碎后过 5 mm 的标准筛（重型为 20 mm 或 40 mm 标准筛），拌和均匀备用。

将筛下土样拌匀并测定土样的风干含水率，根据土的塑限预估其最优含水率，试验中要制备 5 个不同含水率的试样，相邻组试样的含水率的差值宜为 2%，并且轻型击实试验中，应有 2 个试样的含水率大于塑限，2 个试样的含水率小于塑限，1 个试样的含水率接近塑限，用喷水壶分多次喷洒在试样内并且拌和均匀，拌匀后装入塑料袋或者桶中密封，静止 24 h 后备用。

2. 湿法制备试样

取天然含水率的代表性土样碾散，过 5 mm 的标准筛，将筛下土样拌匀，分别风干或加水到所要求的不同含水率。注意：制备试样时必须使土样中含水率分别均匀。

**（二）试样的击实**

称取击实筒质量 $m_1$。

将击实仪平稳地放在刚性基础上，击实筒内壁和底板涂一薄层凡士林，连接好击实筒与底板，安装好护筒，旋紧旋钮。检查仪器各部件及配套设备的性能是否正常，并做好记录。

取制备好的土样分 3 次倒入筒内击实，每次 800 ~ 900 g（其量应该使得土样在击实后高度等于或略高于筒高，最后的击实层面超出击实筒顶不大于 6 mm）；整平表面，并稍微压紧，然后按照规定的锤击数进行第一层土的击实，击实时击锤应该自由垂直落下，锤迹必须均匀分布于土样表面，每层击实完毕后，用修土刀将该层面“拉毛”，然后将下一层土样装入套筒，重复上述方法进行其余各层击实，应注意击实后的试样不应高出筒顶面 5 mm。

其中，《土工试验规程》（SL 237—1999）中要求：

轻型击实所用试样质量为 2 ~ 5 kg，分 3 层击实，每层锤击数为 27 击。

重型击实所用试样质量为 4 ~ 10 kg，分 5 层击实，每层锤击数为 27 击；若分 3 层击实，每层锤击数为 98 击。

击实完成后拆去护筒，用修土刀沿套筒内壁削刮，使试样与套筒脱离后，扭动并取下套筒，修平击实筒顶部的试样，拆除底板，当试样地面超出筒外时，也应修平，擦净筒的外壁，称筒和试样的总质量 $m_2$，精确至 1 g。

用电动脱模仪将试样从筒中推出，从其中心取 2 个代表性试样按烘干法测定含水率，精确至 0.1%，两个含水率的差值应不大于 1%。

重复以上步骤，分别进行几个不同含水率试样的击实。

## 四、结果整理

**(一)计算击实后的试样的干密度 $\rho_d$**

按下式计算击实后的试样的干密度:

$$\rho_d = \frac{\rho}{1 + 0.01\omega} \tag{4-29}$$

式中 $\rho_d$——干密度,g/cm³,精确至0.01;

$\rho$——湿密度,g/cm³;

$\omega$——含水率(%)。

**(二)在直角坐标纸上绘制干密度和含水率的关系曲线**

以干密度为纵坐标,含水率为横坐标,绘制干密度与含水率的关系曲线,即为击实曲线。曲线峰值点的纵、横坐标分别代表土的最大干密度和最优含水率。如果关系曲线不能得出峰值点,应进行补点试验,土样不宜重复使用。

计算数个干密度下的饱和含水率。以干密度为纵坐标,含水率为横坐标,在击实曲线的图中绘制出饱和曲线,用以校正击实曲线。形式如图4-19所示。

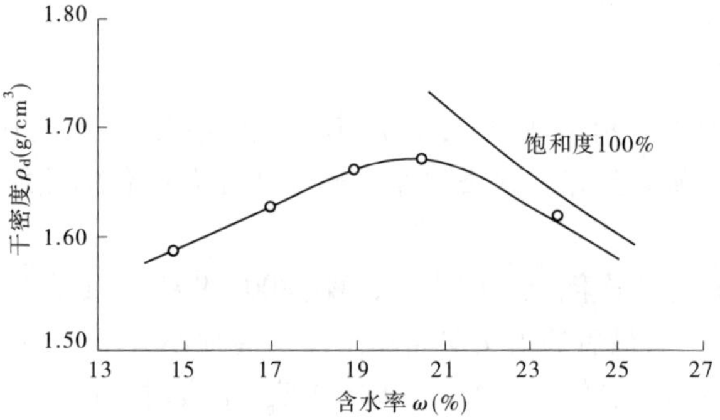


**图4-19 $\rho_d$—$\omega$ 关系曲线**

## 五、试验记录

击实试验记录见表4-24。

**表4-24 击实试验记录**

工程名称________ 试样编号________ 试验日期________

计 算 者________ 校 核 者________ 试 验 者________

| 实训题目 | 重型击实试验 | | | 成绩 | |
|---|---|---|---|---|---|
| 使用范围 | | 每层击数 | | 试筒体积 | |
| 击锤重 | | 落距 | | 击实层数 | |
| 试验序号 | 1 | 2 | 3 | 4 | 5 |

续表 4-24

| | | | | | | | | | | | |
|---|---|---|---|---|---|---|---|---|---|---|---|
| 干密度 | 加水量(g) | | | | | | | | | | |
| | 筒＋土重(g) | | | | | | | | | | |
| | 筒重(g) | | | | | | | | | | |
| | 湿土重(g) | | | | | | | | | | |
| | 湿密度(g/cm$^3$) | | | | | | | | | | |
| | 干密度(g/cm$^3$) | | | | | | | | | | |
| 含水率 | 盒号 | | | | | | | | | | |
| | 盒＋湿土重(g) | | | | | | | | | | |
| | 盒＋干土重(g) | | | | | | | | | | |
| | 盒重(g) | | | | | | | | | | |
| | 水分重(g) | | | | | | | | | | |
| | 干土重(g) | | | | | | | | | | |
| | 含水率(%) | | | | | | | | | | |
| | 平均含水率(%) | | | | | | | | | | |
| 最佳含水率(%) | | | | | | 最大干密度(g/cm$^3$) | | | | | |

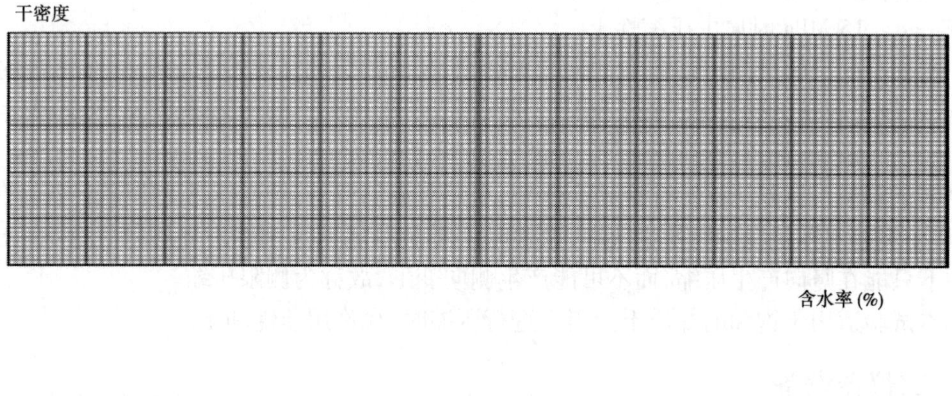

# 第五节　确定土的压缩指标

## 一、概述

土的室内压缩试验也称为固结试验,它是研究土压缩性的常用方法。压缩曲线是室内土的固结试验的直接成果,它是土的孔隙比与所受压力的关系曲线,从而得到土的压缩性指标。压缩性指标包括压缩系数 $a$、压缩指数 $C_c$ 和压缩模量 $E_s$。

### (一)压缩系数

它是评价地基土压缩性高低的重要指标之一,是土在完全侧限条件下,孔隙比变化与压力变化的比值。它不是一个常量,与所取的起始压力 $p_1$ 有关,也与压力变化范围 $\Delta p = p_2 - p_1$ 有关。为了统一标准,在工程实践中,通常采用压力间隔由 $p_1 = 100$ kPa 增加到 $p_2 = 200$ kPa 时所得的压缩系数 $a_{1-2}$ 来评定土的压缩性高低,当 $a_{1-2} < 0.1\ \text{MPa}^{-1}$ 时,为低压缩性土;当 $0.1\ \text{MPa}^{-1} \leqslant a_{1-2} < 0.5\ \text{MPa}^{-1}$ 时,为中压缩性土;当 $a_{1-2} \geqslant 0.5\ \text{MPa}^{-1}$ 时,为高压缩性土。

### (二)压缩指数

同压缩系数 $a$ 一样,压缩指数 $C_c$ 也能用来确定土的压缩性大小。$C_c$ 值愈大,土的压缩性愈高。一般认为 $C_c < 0.2$ 时,为低压缩性土;$C_c = 0.2 \sim 0.4$ 时,属中压缩性土;$C_c > 0.4$ 时,属高压缩性土。国内外广泛采用 $e$—lg$p$ 曲线来分析研究应力历史对土的压缩性的影响。

### (三)压缩模量

土体在完全侧限条件下,竖向附加应力 $\sigma_z$ 与相应的应变增量 $\varepsilon_z$ 之比,称为压缩模量或侧限压缩模量,用符号 $E_s$ 表示。压缩模量 $E_s$ 是土的压缩性指标的又一个表达方式,压缩模量与压缩系数成反比,$E_s$ 愈大,$a$ 就愈小,土的压缩性愈低。所以,$E_s$ 也具有划分土压缩性高低的功能。一般认为,$E_s < 4$ MPa 时为高压缩性土;$E_s > 15$ MPa 时为低压缩性土;$E_s = 4 \sim 15$ MPa 时属中压缩性土。

本试验的目的是测定试样在侧限与轴向排水条件下的压缩变形 $\Delta h$ 和荷载 $P$ 的关系,或孔隙比和压力的关系、变形和时间的关系,以便计算土的压缩系数 $a$、压缩模量 $E_s$ 和单位沉降量 $S_1$ 等,用于判断土的压缩性和计算基础沉降。

本试验采用侧限压缩。在饱和土体中,水具有流动性,在外力作用下沿着土中孔隙排出,从而引起土体积减少而发生压缩,试验时由于金属环刀及刚性护环所限,土样在压力作用下只能在竖向产生压缩,而不可能产生侧向变形,故称为侧限压缩。

本试验适用于饱和的黏质土。当只进行压缩时,允许用非饱和土。

## 二、仪器设备

固结容器:由环刀、护环、透水板、水槽、加压上盖组成,见图 4-20。

环刀:内径为 61.8 mm 和 79.8 mm,高度为 20 mm。环刀应具有一定的刚度,内壁应保持较高的光洁度,宜涂一薄层硅脂或聚四氟乙烯。

透水板：用氧化铝或不受腐蚀的金属材料制成，其渗透系数应大于试样的渗透系数。用固定式容器时，顶部透水板直径应小于环刀内径 0.2～0.5 mm；用浮环式容器时上下端透水板直径相等，均应小于环刀内径。

加压设备：能垂直地在瞬间施加各级规定的压力，且没有冲击力，压力准确度符合现行国家标准《土工仪器的基本参数及通用技术条件》（GB/T 15406—1994）的规定。

变形量测设备：量程 10 mm，最小分度值为 0.01 mm 的百分表，如图 4-21 所示。

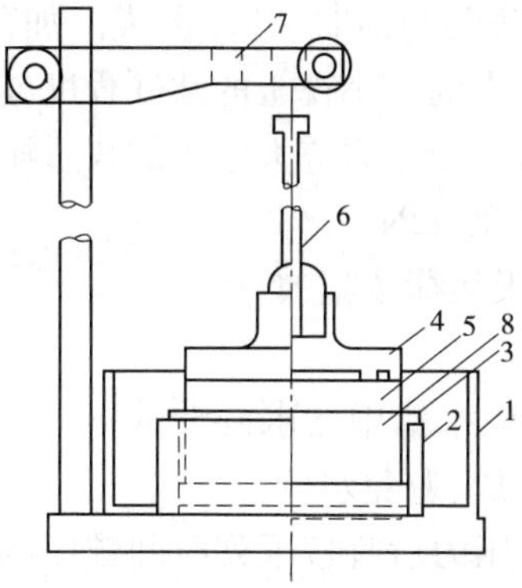


1—水槽；2—护环；3—环刀；4—加压上盖；
5—透水石；6—量表导杆；7—量表架；8—试样

**图 4-20　固结仪示意图**

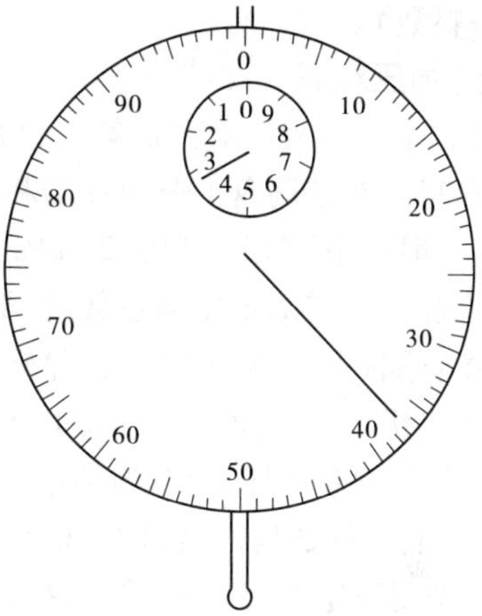


短针：一小格 = 1.0 mm；长针：一小格 = 0.01 mm
此图所示相应读数为 3.37 mm

**图 4-21　百分表示意图**

其他：天平、秒表、烘箱、刮土刀、称量盒等。

## 三、试验步骤

### （一）切取试样

按工程需要，取原状土或制备成所需状态的扰动土样，放在玻璃板上，整平土样两端，在环刀内壁抹一薄层凡士林，刀口向下放在土样上；用修土刀将土样修成略大于环刀直径的土柱，将环刀垂直下压，若为软土可一直压下去，否则应边压边修，至土样凸出环刀。然后用钢丝锯整平两端，放在玻璃板上，擦净环刀外壁，称环刀和土的总质量。

注意：（1）刮平环刀两端时，不得用力反复涂抹，以免土面孔隙堵塞，或使土面析水。

（2）切得土样的四周应与环刀密合，且保持完整，如不合要求时应重取。

### （二）测定试样密度与含水量

取削下的余土测定含水率，需要时对试样进行饱和。

### （三）安放试样

在固结容器的底板上顺次放上洁净而湿润的透水石和滤纸各一，再将护环放在容器内；将切好的试样连同环刀一起，刀口向下放在护环内，在试样上置洁净而湿润的滤纸和透水石各一，最后放下加压导环和传压板。

### （四）检查设备

检查加压设备是否灵敏，利用平衡砣调整杠杆至水平位置。

**(五)安装量表**

将装好试样的压缩容器放在加压台的正中,将传压钢珠与加压横梁的凹穴相连接。然后装上量表,调节量表杆头使其可伸长的长度不小于 8 mm,并检查量表是否灵活和垂直。

**(六)施加预压**

为确保压缩仪各部位接触良好,施加 1 kPa 的预压荷重,然后调整量表读数至零处(或某一整数)。

**(七)加压观测**

(1)记下百分表读数并加第一级压力,并在加上砝码的同时,开动秒表。加荷重时,将砝码轻轻放在砝码盘上避免冲击和摇晃。第一级压力的大小视土的软硬程度或工程要求而定,一般可采用 12.5 kPa、25 kPa 或 50 kPa。最后一级压力应大于土的自重压力与附加压力之和。只需测定压缩系数时,最大压力不小于 400 kPa。

注意:原状土的第一级压力,除软黏土外,也可按天然荷重施加。

压力等级一般为 50 kPa、100 kPa、200 kPa、400 kPa。

(2)若是饱和试样,应在施加第一级压力后,立即向水槽中注水浸没试样。若是非饱和试样,进行压缩试验时,需用湿棉纱围住加压盖板四周,避免水分蒸发。

(3)需要测定沉降速率、固结系数时,施加每一级压力后宜按下列时间顺序测记试样的高度变化。时间为 6 s、15 s、1 min、2 min 15 s、4 min、6 min 15 s、9 min、12 min 15 s、16 min、20 min 15 s、25 min、30 min 15 s、36 min、42 min 15 s、49 min、64 min、100 min、200 min、400 min、23 h、24 h,至稳定。不需要测定沉降速率时,则施加每级压力后 24 h 测定试样高度变化作为稳定标准,只需测定压缩系数的试样,施加每级压力后,每小时变形达 0.01 mm 时,测定试样高度变化作为稳定标准。按此步骤逐级加压至试验结束。

注意:测定沉降速率仅适用于饱和土。

(4)试验结束后吸去容器中的水,迅速拆除仪器各部件,取出整块试样,测定含水率。

## 四、结果整理

(1)按下式计算试样的初始孔隙比:

$$e_0 = \frac{\rho_w d_s (1 + \omega_0)}{\rho_0} - 1 \tag{4-30}$$

式中 $\rho_0$——试样初始密度,g/cm$^3$;

$\omega_0$——试样的初始含水率(%);

$d_s$——土粒相对密度,g/cm$^3$。

(2)按下式计算各级压力下固结稳定后的孔隙比:

$$e_i = e_0 - (1 + e_0)\frac{\sum \Delta h_i}{h_0} \tag{4-31}$$

式中 $\sum \Delta h_i$——在某级压力下试样固结稳定后的总变形量,mm,其值等于该级压力下压缩稳定后的量表读数减去仪器变形量(由实验室提供资料);

$h_0$——试样初始高度,即环刀高度,mm。

(3)绘制压缩曲线。

以孔隙比 $e$ 为纵坐标,以压力 $p$ 为横坐标,将试验成果点在图上,连成一条光滑曲线。$e$—$p$ 关系曲线见图 4-22。

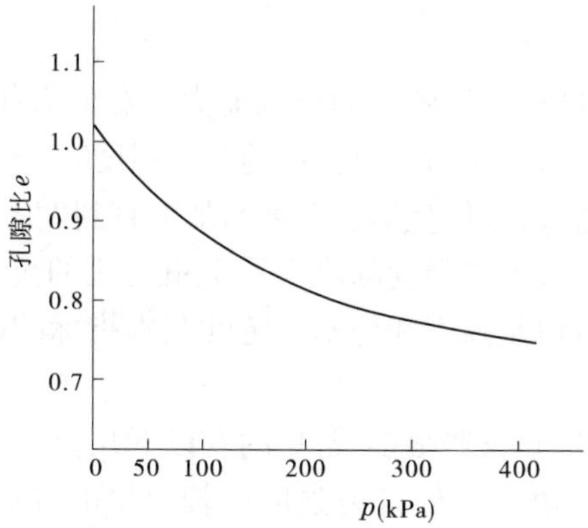


**图 4-22　$e$—$p$ 关系曲线**

(4)按下式计算压缩系数 $a_{1-2}$ 与压缩模量 $E_s$:

$$a_{1-2} = \frac{e_1 - e_2}{p_2 - p_1} \times 1\,000(\text{MPa}^{-1}) \tag{4-32}$$

$$E_s = \frac{1 + e_0}{a_{1-2}} \tag{4-33}$$

要求:用压缩系数判断土的压缩性。

(5)试验记录。

固结试验记录见表 4-25。

**表 4-25　固结试验记录**

工程名称__________　试样编号__________　试验日期__________

计 算 者__________　校 核 者__________　试 验 者__________

| 加压历时 | 压力 $p$ | 量表读数 | 仪器变形量 $\lambda$ | 试样变形量 $\sum \Delta h_i$ | 孔隙比 $e_i$ |
|---|---|---|---|---|---|
| min | kPa | mm | mm | mm | $e_i = e_0 - \frac{\sum \Delta h_i}{h_0}(1 + e_0)$ |
| | | | | | |
| | | | | | |
| | | | | | |
| | | | | | |
| | | | | | |
| | | | | | |

# 第六节　抗剪强度指标的确定

## 一、概述

土的抗剪强度是指土体抵抗剪切破坏的极限能力。在外力作用下，土体内部产生剪应力，同时土体产生变形。当剪切应力小于土体的抗剪强度时，土体处于弹性平衡的安全状态；随着剪切应力的不断增大，土体变形也在不断加大直到发生剪切滑移破坏。剪切破坏是土体强度破坏的重要特点，土体强度问题实质上就是土的抗剪强度问题。测定土的抗剪强度，可以指导计算分析地基强度和地基稳定性基本指标的确定，以及土的黏聚力 $c$ 和内摩擦角 $\varphi$。

目前测定抗剪强度的方法和仪器很多，常见的有以下几种：

(1)直接剪切试验。这是测定土体抗剪强度中较简便的方法。通常采用4个试样，在直接剪切仪上分别施加不同的垂直压力 $p$，再在已经固定的受剪面上施加水平剪切应力 $\tau$，直到剪切破坏，可以求得土样破坏时的剪应力 $\tau$，绘制剪应力 $\tau$ 和垂直压应力 $p$ 的关系曲线，确定土的黏聚力 $c$ 和内摩擦角 $\varphi$。直接剪切仪可分为应变控制式和应力控制式。直接剪切试验由于其仪器构造的局限无法做到任意控制试样的排水条件，为了在直接剪切试验中能尽量考虑实际工程中存在的不同固结排水条件，通常采用不同加荷速率的试验方法来近似模拟土体在受剪时的不同排水条件，由此产生了3种不同的直接剪切试验方法，即快剪、固结快剪和慢剪。

(2)三轴压缩试验：可分为围压三轴和真三轴试验，这里主要介绍围压三轴试验，也称为常规三轴试验。通常采用3~4个圆柱体试样，在三轴剪切仪中分别施加不同的恒定周围压力(即小主应力 $\sigma_3$)，然后施加轴向压力(即大主应力和小主应力的差值 $\sigma_1-\sigma_3$)，使土样中的剪应力逐渐增大，直至试样剪切破坏。可根据摩尔－库仑屈服破坏准则确定土体的抗剪强度参数。根据土样固结排水条件和剪切时的排水条件，三轴试验可分为不固结不排水剪试验(UU)、固结不排水剪试验(CU)、固结排水剪试验(CD)等。不固结不排水剪试验(UU)：试样在施加周围应力和随后施加偏应力直至破坏的整个试验过程中都不允许排水，这样从开始加压直至试样剪坏，土中的含水量始终保持不变，孔隙水压力也不可能消散，可以测得总应力抗剪指标 $c_u$、$\varphi_u$；固结不排水剪试验(CU)：试样在施加周围压力时，允许试样充分排水，待固结稳定后，再在不排水的条件下施加轴向压力，直至试样剪切破坏，同时在受剪过程中，测得土体的孔隙水压力，可以测得总应力抗剪强度强度指标 $c_{cu}$、$\varphi_{cu}$，以及有效应力抗剪强度指标 $c'$、$\varphi'$；固结排水剪试验(CD)：试样先在周围压力下排水固结，然后允许在充分排水的条件下增加轴向压力直至破坏，同时在试验过程中测读排水量以计算试样的体积变化，可以测得有效应力抗剪强度指标 $c_d$、$\varphi_d$。

(3)无侧限抗压强度试验。该试验如同三轴压缩试验中 $\sigma_3=0$ 时的特殊情况。试验时，将圆柱形试样置于无侧限压缩仪中，对试样不加周围压力，仅对它施加垂直轴向压力 $\sigma_1$，剪切破坏时试样所承受的轴向压力称为无侧限抗压强度 $q_u$。由于试样在试验过程中在无侧限条件下难以成型，故该试验主要用于黏性土，尤其适用于饱和黏性土。

## 二、直接剪切试验

### (一)慢剪试验

1. 试验方法

在试样上施加垂直压力及水平剪应力的过程中,均使试样排水固结。

2. 适用范围

本试验适用于细粒土。

3. 主要仪器设备

应变控制式直剪仪:由剪切盒、垂直加压设备、剪切传动装置、测力计、位移量测系统等组成,如图4-23所示。

1—推动座;2—垂直位移百分表;3—垂直加荷框架;
4—活塞;5—试样;6—剪切盒;7—测力计;8—测力百分表

**图4-23 应变控制式直剪仪示意图**

环刀:内径61.8 mm,高20 mm。

位移量测设备:百分表或传感器,百分表量程为10 mm,分度值0.01 mm。

其他:天平、环刀、削土刀、秒表、滤纸、直尺等。

4. 试验步骤

(1)原状土样试样制备、扰动土试样制备按第三章的制备步骤进行。

(2)对准剪切容器上下盒,插入固定销,在下盒内放透水板和滤纸,将带有试样的环刀刃口向上,对准剪切盒口,在试样上放滤纸和透水板,将试样小心地推入剪切盒内。

注意:透水板和滤纸的湿度接近试样的湿度。

(3)移动传动装置,使上盒前端钢珠刚好与测力计接触,依次放上传压板、加压框架,安装垂直位移和水平位移量测装置,并调至零位或测记初读数。

(4)根据工程实际和土的软硬程度施加各级垂直压力,对松软试样垂直压力应分级施加,以防土样挤出。施加压力后,向盒内注水,当试样为非饱和试样时,应在加压板周围包以湿棉纱。

(5)施加垂直压力后,每1 h测读垂直变形一次,直至试样固结变形稳定。变形稳定标准为每小时不大于0.005 mm。

(6)拔去固定销,以小于0.02 mm/min的剪切速度进行剪切,试样每产生剪切位移0.2～0.4 mm测记测力计和位移读数,直至测力计读数出现峰值,应继续剪切至剪切位移为 4 mm 时停机，记下破坏值；当剪切过程中测力计读数无峰值时，应剪切至剪切位移为 6 mm时停机。

(7)当需要估算试样的剪切破坏时间，可按下式计算：

$$t_f = 50t_{50} \tag{4-34}$$

式中 $t_f$——达到破坏所经历的时间，min；

$t_{50}$——固结度达 50% 所需的时间，min。

(8)剪切结束，吸去盒内积水，退去剪切力和垂直压力，移动加压框架，取出试样，测定试样含水率。

5. 结果整理

(1)剪切位移按下式计算：

$$\Delta l = 20n - R \tag{4-35}$$

式中 $\Delta l$——剪切位移，0.01 mm；

$n$——手轮转数；

$R$——试样剪坏时百分表最大读数，0.01 mm；

计算每个试样在一定垂直压力下的抗剪强度 $\tau$，计算如下：

$$\tau = CR \tag{4-36}$$

式中 $\tau$——抗剪强度，kPa，计算至 0.1；

$C$——测力计率定系数，kPa/0.01 mm；

剪应力 $\tau$ 与剪切位移 $\Delta l$ 的关系曲线如图 4-24 所示。

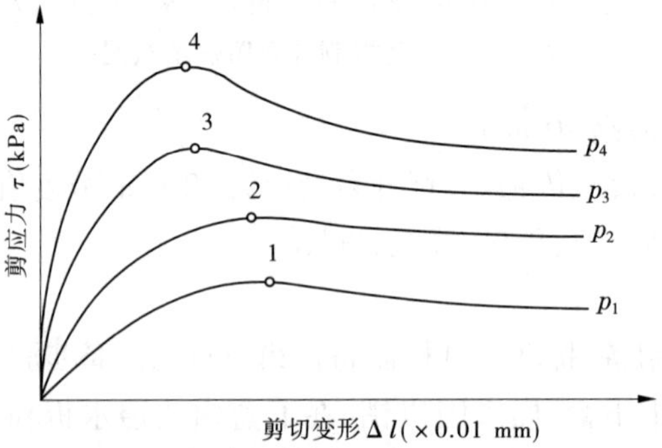


**图 4-24 剪应力 $\tau$ 与剪切位移 $\Delta l$ 的关系曲线**

(2)绘制抗剪强度曲线。

以垂直压力 $p$(kPa)为横坐标，以抗剪强度 $\tau$ 为纵坐标，将每一个时间的抗剪强度点描绘在坐标纸上，并连接成一条直线。若各点不在一条近似的直线上，可按照相邻的三点连接成两个三角形，分别求出两个三角形的重心，然后将两两重心点连成一直线，即为抗剪强度曲线。此直线的倾角为内摩擦角 $\varphi$，纵坐标上的截距为黏聚力 $c$，如图 4-25 所示。

$c$、$\varphi$ 值也可以采用最小二乘法公式计算：

$$c = \frac{\sum_{i=1}^{n} p_i^2 \sum_{i=1}^{n} \tau_i - \sum_{i=1}^{n} p_i \sum_{i=1}^{n} p_i \tau_i}{n \sum_{i=1}^{n} p_i^2 - \left(\sum_{i=1}^{n} p_i\right)^2} \tag{4-37}$$

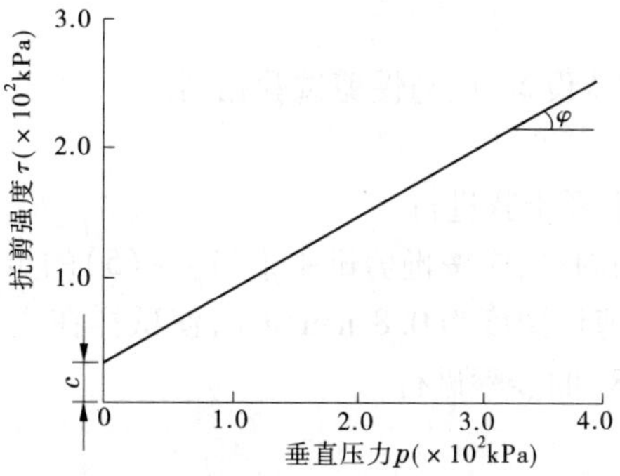

**图 4-25　抗剪强度与垂直压力的关系曲线**

$$\tan\varphi = \frac{n\sum_{i=1}^{n} p_i\tau_i - \sum_{i=1}^{n} p_i \sum_{i=1}^{n} \tau_i}{n\sum_{i=1}^{n} p_i^2 - \left(\sum_{i=1}^{n} p_i\right)^2} \tag{4-38}$$

式中　$n$——试样个数；

$p_i$——第 $i$ 个试样所施加的垂直压力，kPa；

$\tau_i$——第 $i$ 个试样的抗剪强度，kPa。

6. 试验记录

慢剪试验记录见表 4-26。

**表 4-26　慢剪试验记录**

工程名称__________　试样编号__________　试验日期__________

计 算 者__________　校 核 者__________　试 验 者__________

| 实训题目 | 土体直接剪切试验(慢剪) | 量力环系数 |
|---|---|---|
| 垂直压力 $p$(kPa) | | |
| 百分表最大读数 $R$ (×0.01 mm) | | |
| 峰值抗剪强度 $\tau$(kPa) | | |

根据试验结果绘制抗剪强度曲线：

| 黏聚力 $c$(kPa) | | 内摩擦角 $\varphi$(°) | |
|---|---|---|---|

### (二) 固结快剪试验

1. 适用范围

本试验适用于渗透系数小于 $10^{-6}$ cm/s 的细粒土。

2. 试验仪器

本试验所用的主要仪器设备,应与慢剪试验相同。

3. 试验步骤

固结快剪试验,应按下列步骤进行:

(1)试样制备、安装和固结,应按慢剪试验第(1)~(5)的步骤进行。

(2)固结快剪试验的剪切速度为0.8 mm/min,使试样在3~5 min内剪损,其剪切步骤应按慢剪试验第(6)、(8)的步骤进行。

4. 试验结果整理

固结快剪试验的计算、绘图和试验记录格式与慢剪试验相同。

**(三)快剪试验**

1. 适用范围

本试验适用于渗透系数小于 $10^{-6}$ cm/s的细粒土。

2. 试验仪器

本试验所用的主要仪器设备,应与慢剪试验相同。

3. 试验步骤

快剪试验应按下列步骤进行:

(1)试样制备、安装,应按慢剪试验第(1)~(4)的步骤进行。

(2)快剪试验的剪切速度为0.8 mm/min,使试样在3~5 min内剪损,其剪切步骤应按慢剪试验第(6)、(8)的步骤进行。

4. 试验结果整理

快剪试验的计算、绘图和试验记录格式与慢剪试验相同。

## 三、三轴压缩试验

**(一)概述**

1. 适用范围

本试验适用于细粒土和粒径小于20 mm的粗粒土。

2. 试验方法

本试验应根据工程要求分别采用不固结不排水剪试验、固结不排水剪测孔隙水压力试验和固结排水剪试验。

3. 试验要求

本试验必须制备3个以上性质相同的试样,在不同的周围压力下进行试验。周围压力宜根据工程实际荷重确定。对于填土,最大一级周围压力应与最大的实际荷重大致相等。

4. 主要仪器设备

1)三轴仪

三轴仪根据施加轴向荷载方式的不同,可以分为应变控制式和应力控制式两种,目前室内三轴试验基本上采用的是应变控制式三轴仪,如图4-26所示。

应变控制式三轴仪由以下几部分组成:

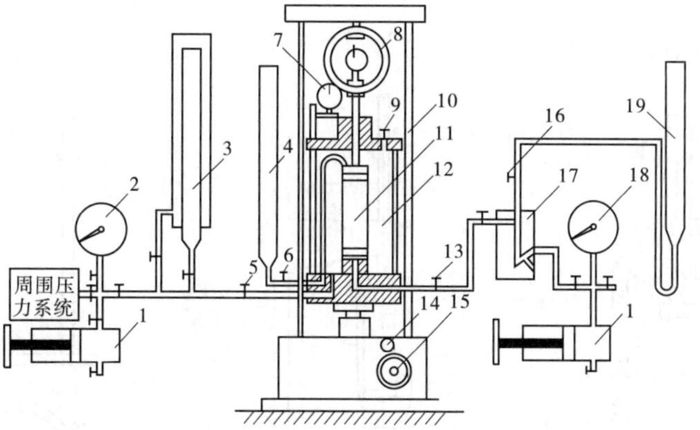


1—调压筒;2—周围压力表;3—体变管;4—排水管排水阀;
5—周围压力阀;6—排水阀;7—变形量表;8—量力环;
9—排气孔;10—轴向加压设备;11—试样;12—压力室;13—孔隙水压力阀;
14—离合器;15—手轮;16—量管阀;17—零位指示器;18—孔隙水压力表;19—量管

**图 4-26　应变控制式三轴仪**

(1)三轴压力室。压力室是三轴仪的主要组成部分,它是由金属上盖、底座以及透明有机玻璃筒组成的密闭容器,压力室底座通常有 3 个小孔,分别与围压系统、体积变形以及孔隙水压力量测系统相连。

(2)轴向加荷系统。采用电动机带动多级变速的齿轮箱,或者采用可控硅无级变速,并通过传动系统使压力室自下而上的移动,从而使试样承受轴向压力,其加荷速率可根据土样性质和试验方法确定。

(3)轴向压力测量系统。施加于试样上的轴向压力由测力计量测,测力计由线性和重复性较好的金属弹性体组成,测力计的受压变形由百分表或位移传感器测读。

(4)周围压力稳压系统。采用调压阀控制,调压阀控制到某一固定压力后,它将压力室的压力进行自动补偿而达到稳定的周围压力。

(5)孔隙水压力量测系统。孔隙水压力由孔压传感器测得。

(6)轴向变形量测系统。轴向变形量由轴向变形长距离百分表(0 ~ 30 mm 百分表)或位移传感器测得。

(7)反压力体变系统。由体变管和反压力稳压控制系统组成,以模拟土体的实际应力状态或提高试件的饱和度以及量测试件的体积变化。

2)附属设备

附属设备包括击样器、饱和器、切土器、原状土分样器、切土盘、承膜筒和对开膜(见图 4-27 ~ 图 4-30)。

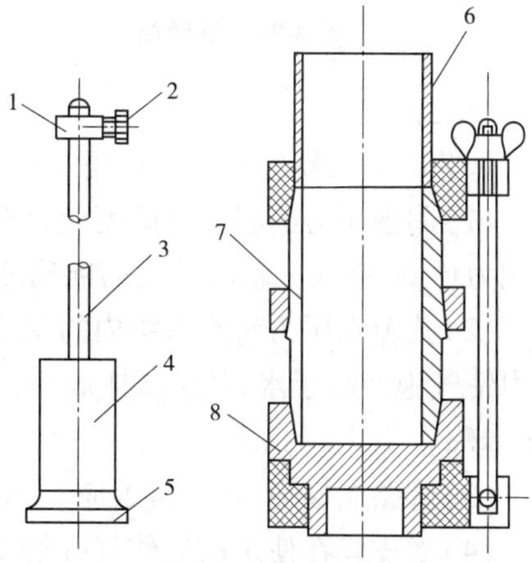


1—套环;2—定位螺丝;3—导杆;4—击锤;5—底板;
6—套筒;7—击样筒;8—底座

**图 4-27　击样器**

3）其他

天平、橡胶膜、透水板等。

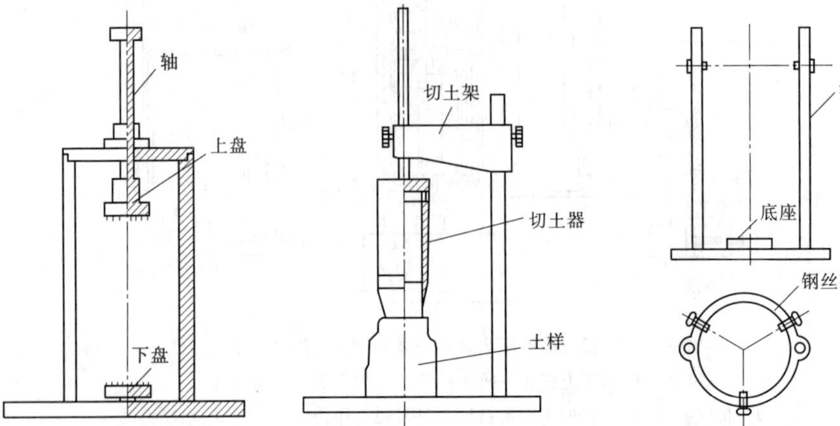


(a)切土盘　　(b)切土器和切土架　　(c)原状土分样器

**图 4-28　原状土切土盘分样器**

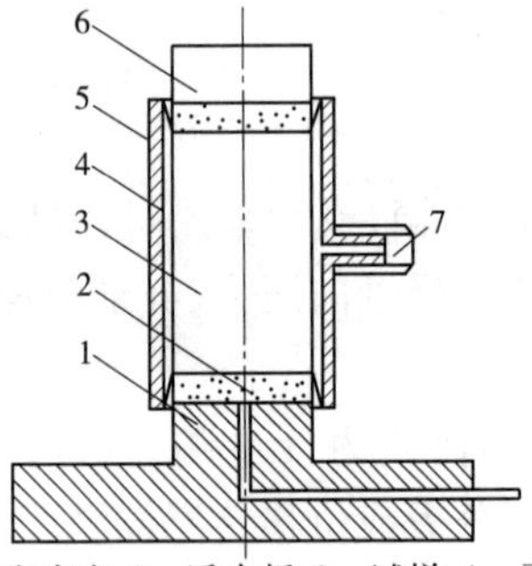


1—压力室底座；2—透水板；3—试样；4—承膜筒；
5—橡皮膜；6—上帽；7—吸气孔

**图 4-29　承膜筒**

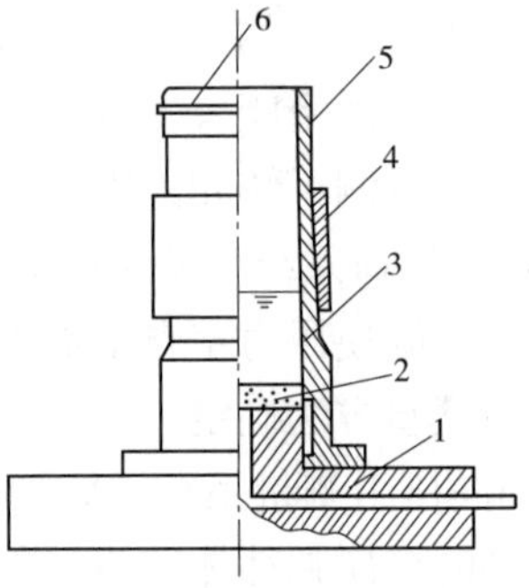


1—压力室底座；2—透水板；3—制样圆模（两片合成）；
4—紧箍；5—橡皮膜；6—橡皮圈

**图 4-30　对开圆模**

4）注意事项

试验时的仪器应符合下列规定：

（1）周围压力的测量准确度应为全量程的1%，根据试样的强度大小，选择不同量程的测力计，应使最大轴向压力的准确度不低于1%。

（2）孔隙水压力量测系统内的气泡应完全排除。系统内的气泡可用纯水冲出或施加压力使气泡溶解于水，并从试样底座溢出。整个系统的体积变化因数应小于 $1.5\times10^{-5}$ $cm^3/kPa$。

（3）管路应畅通，各连接处应无漏水，压力活塞杆在轴套内应能滑动。

（4）橡皮膜在使用前应作仔细检查，其方法是扎紧两端，向膜内充气，在水中检查，应无气泡溢出，方可使用。

5. 试样制备和饱和

（1）试样制备。

本试验采用的试样最小直径为 35 mm，最大直径为 101 mm，试样高度宜为试样直径的 2～2.5 倍，试样的允许最大粒径应符合表 4-27 的规定。对于有裂缝、软弱面和构造面的试样，试样直径宜大于 60 mm。试样应切成圆柱形状。

**表 4-27　试样的允许最大粒径与试样直径之间的关系**

| 试样直径 $D$(mm) | 39.1 | 61.8 | 101.0 |
|---|---|---|---|
| 允许最大粒径 $d$(mm) | $d<D/10$ | $d<D/10$ | $d<D/5$ |

①对于较软的土样，先用钢丝锯或切土刀切取一稍大于规定尺寸的土柱，放在切土盘上下圆盘之间，用钢丝锯或切土刀紧靠侧板，由上往下细心切削，边切削边转动圆盘，直至土样被削成规定的直径。试样切削时应避免扰动，当试样表面遇有砾石或凹坑时，允许用削下的余土填补。

②对较硬的土样，先用切土刀切取一稍大于规定尺寸的土柱，放在切土架上，用切土器切削土样，边削边压切土器，直至切削到超出试样高度约 2 cm。

③取出试样，按规定的高度将两端削平，称量，并取余土测定试样的含水率。

④对于直径大于 10 cm 的土样，可用分样器切成 3 个土柱，按上述方法切取$\phi$39.1 的试样。

(2)扰动土试样制备应根据预定的干密度和含水率，按第三章的步骤备样后，在击样器内分层击实，粉土宜为 3～5 层，黏土宜为 5～8 层，各层土料数量应相等，各层接触面应刨毛。击完最后一层，将击样器内的试样两端整平，取出试样称量。对制备好的试样，应量测其直径和高度。试样的平均直径应按下式计算：

$$D = \frac{D_1 + 2D_2 + D_3}{4} \tag{4-39}$$

式中　$D_1$、$D_2$、$D_3$——试样上、中、下部位的直径。与此同时，取切下的余土，平行测得含水量，取其平均值为试样的含水量。

(3)砂类土的试样制备应先在压力室底座上依次放上不透水板、橡皮膜和对开圆模。根据砂样的干密度及试样体积，称取所需的砂样质量，分 3 等份，将每份砂样填入橡皮膜内，填至该层要求的高度，依次第二层、第三层，直至膜内填满。当制备饱和试样时，在压力室底座上依次放透水板、橡皮膜和对开圆模，在膜内注入纯水至试样高度的 1/3，将砂样分 3 等分，在水中煮沸，待冷却后分 3 层，按预定的干密度填入橡皮膜内，直至膜内填满。当要求的干密度较大时，填砂过程中轻轻敲打对开圆模，使所称的砂样填满规定的体积，整平砂面，放上不透水板或透水板、试样帽，抓紧橡皮膜。对试样内部施加 5 kPa 负压力使试样能站立，拆除对开圆模。

(4)试样饱和。

真空抽气饱和：将试样装入饱和器，置于真空缸内，进行抽气，当真空压力达到 1 个大气压时，开启管夹，使清水注入真空缸内，待水面超过饱和器后，即可停止抽气，然后静止大约 10 h，使试样充分吸水饱和。

水头饱和：将试样装入压力室内，施加 20 kPa 的周围压力，使无气泡的水从试样底座进入,待上部溢出,水头高差一般在 1 m 左右,直至流入水量和溢出水量相等。

反压力饱和:试样饱和度要求较高时采用(详见《土工试验规程》)。

**(二)不固结不排水剪试验**

(1)试样的安装应按下列步骤进行:

①在压力室的底座上,依次放上不透水板、试样及不透水试样帽,将橡皮膜用承膜筒套在试样外,并用橡皮圈将橡皮膜两端与底座及试样帽分别扎紧。

②将压力室罩顶部活塞提高,放下压力室罩,将活塞对准试样中心,并均匀地拧紧底座连接螺母。向压力室内注满纯水,待压力室顶部排气孔有水溢出时,拧紧排气孔,并将活塞对准测力计和试样顶部。

③将离合器调至粗位,转动粗调手轮,当试样帽与活塞及测力计接近时,将离合器调至细位,改用细调手轮,使试样帽与活塞及测力计接触,装上变形指示计,将测力计和变形指示计调至零位。

④关排水阀,开周围压力阀,施加周围压力。

(2)剪切试样应按下列步骤进行:

①剪切应变速率宜为每分钟应变 0.5% ~1.0%。

②启动电动机,合上离合器,开始剪切。试样每产生 0.3% ~0.4% 的轴向应变(或 0.2 mm 变形值),测记一次测力计读数和轴向变形值。当轴向应变大于 3% 时,试样每产生 0.7% ~0.8% 的轴向应变(或 0.5 mm 变形值),测记一次。

③当测力计读数出现峰值时,剪切应继续进行到轴向应变为 15% ~20%。

④试验结束,关电动机,关周围压力阀,脱开离合器,将离合器调至粗位,转动粗调手轮,将压力室降下,打开排气孔,排除压力室内的水,拆卸压力室罩,拆除试样,描述试样破坏形状,称试样质量,并测定含水率。

(3)轴向应变应按下式计算:

$$\varepsilon_1 = \frac{\Delta h_1}{h_0} \times 100\% \tag{4-40}$$

式中 $\varepsilon_1$——轴向应变(%);

$\Delta h_1$——剪切过程中试样的高度变化,mm;

$h_0$——试样初始高度,mm。

(4)试样面积的校正应按下式计算:

$$A_a = \frac{A_0}{1 - \varepsilon_1} \tag{4-41}$$

式中 $A_a$——试样的校正断面面积,$cm^2$;

$A_0$——试样的初始断面面积,$cm^2$。

(5)主应力差应按下式计算:

$$\sigma_1 - \sigma_3 = \frac{CR}{A_a} \times 10 \tag{4-42}$$

式中 $\sigma_1 - \sigma_3$——主应力差,kPa;

$\sigma_1$——大总主应力,kPa;

$\sigma_3$——小总主应力,kPa;

$C$——测力计率定系数(N/0.01 mm);

$R$——测力计读数(0.01 mm);

10——单位换算系数。

**表 4-28 快剪试验记录**

工程名称＿＿＿＿＿＿ 试样编号＿＿＿＿＿＿ 试验日期＿＿＿＿＿＿

计 算 者＿＿＿＿＿＿ 校 核 者＿＿＿＿＿＿ 试 验 者＿＿＿＿＿＿

| 实训题目 | 土体直接剪切试验(快剪) | 量力环系数 |
|---|---|---|
| 垂直压力 $p$(kPa) | | |
| 百分表最大读数 $R$ (0.01 mm) | | |
| 峰值抗剪强度 $\tau$(kPa) | | |

根据试验结果绘制抗剪强度曲线:

| 黏聚力 $c$(kPa) | | 内摩擦角 $\varphi$(°) | |
|---|---|---|---|

(6)以主应力差为纵坐标,轴向应变为横坐标,绘制主应力差与轴向应变关系曲线,如图 4-31 所示。取曲线上主应力差的峰值作为破坏点,无峰值时,取 15% 轴向应变时的主应力差值作为破坏点。

(7)以剪应力为纵坐标,法向应力为横坐标,在横坐标轴以破坏时的 $\frac{\sigma_{1f}+\sigma_{3f}}{2}$ 为圆心,以 $\frac{\sigma_{1f}-\sigma_{3f}}{2}$ 为半径,在 $\tau$—$\sigma$ 应力平面上绘制破损应力圆,并绘制不同周围压力下破损应力圆的包线,求出不排水强度参数(见图 4-32)。

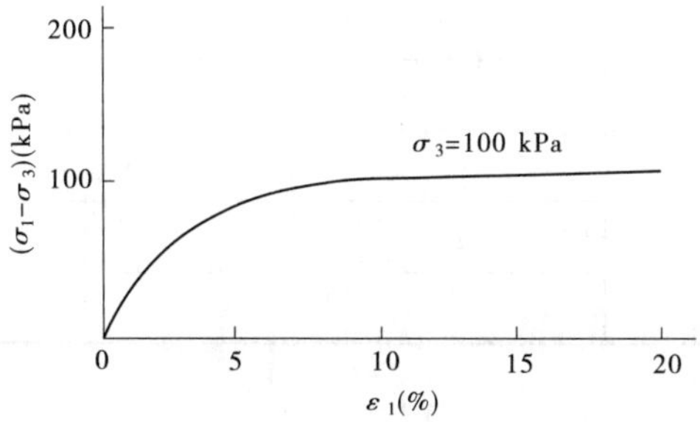


**图 4-31 主应力差与轴向应变关系曲线**

(8)记录数据。

三轴试验(不固结不排水剪)记录见表 4-29。

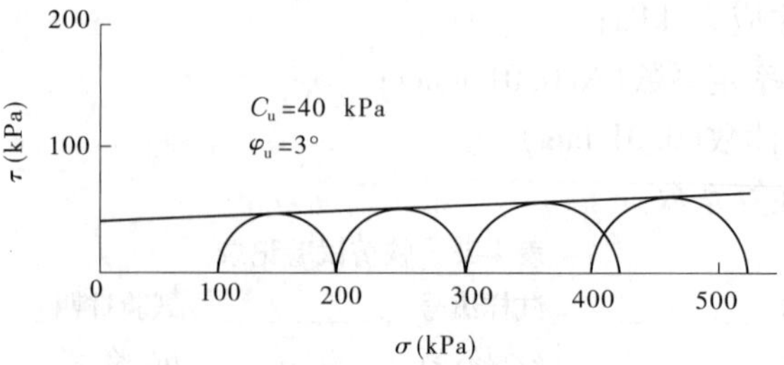


图 4-32 不固结不排水剪强度包线

表 4-29 三轴试验(不固结不排水剪)记录

试验日期__________ 试验者__________ 钢环系数__________ N/0.01 mm

剪切速率__________ mm/min 周围压力__________ kPa

(1)含水率试验

| 盒号 | 盒质量(g) | 盒+湿土质量(g) | 盒+干土质量(g) | 水分质量(g) | 干土质量(g) | 含水率(%) |
|---|---|---|---|---|---|---|
| | | | | | | |
| | | | | | | |

(2)密度试验

| 试样面积($cm^2$) | 试样高度(cm) | 试样体积($cm^3$) | 试样质量(g) | 密度($g/cm^3$) |
|---|---|---|---|---|
| | | | | |

(3)三轴试验

| 周围压力 $\sigma_3$(kPa) | 轴向变形 $\Delta h$(0.01 mm) | 轴向应变 $\varepsilon$(%) | 校正面积 $A_a=\frac{A_0}{1-\varepsilon}$($cm^2$) | 钢环读数 $R$(×0.01 mm) | 主应力差 $\sigma_1-\sigma_3$(kPa) |
|---|---|---|---|---|---|
| | | | | | |
| | | | | | |
| | | | | | |
| | | | | | |
| | | | | | |

**(三)固结不排水剪试验**

(1)试样的安装应按下列步骤进行:

①开孔隙水压力阀和量管阀,对孔隙水压力系统及压力室底座充水排气后,关孔隙水压力阀和量管阀。压力室底座上依次放上透水板、湿滤纸、试样、湿滤纸、透水板,试样周围贴浸水的滤纸条 7 ~ 9 条。将橡皮膜用承膜筒套在试样外,并用橡皮圈将橡皮膜下端与

底座扎紧。打开孔隙水压力阀和量筒阀，使水缓慢地从试样底部流入，排除试样与橡皮膜之间的气泡，关闭孔隙水压力阀和量管阀。打开排水阀，使试样帽中充水，放在透水板上，用橡皮圈将橡皮膜上端与试样帽扎紧，降低排水管，使管内水面位于试样中心以下 20 ~ 40 cm，吸除试样与橡皮膜之间的余水，关排水阀。需要测定土的应力—应变关系时，应在试样与透水板之间放置中间夹有硅脂的两层圆形橡皮膜，膜中间应留有直径为 1 cm 的圆孔排水。

②压力室罩安装、充水及测力计调整应按不固结不排水剪试验的步骤进行。

(2)试样排水固结应按下列步骤进行：

①调节排水管使管内水面与试样高度的中心齐平，测记排水管水面读数。

②开孔隙水压力阀，使孔隙水压力等于大气压力，关孔隙水压力阀，记下初始读数。

③将孔隙水压力调至接近周围压力值，施加周围压力后，再打开孔隙水压力阀，待孔隙水压力稳定测定孔隙水压力。

④打开排水阀。当需要测定排水过程时，应按步骤测记排水管水面及孔隙水压力读数，直至孔隙水压力消散 95% 以上。固结完成后，关排水阀，测记孔隙水压力和排水管水面读数。

⑤微调压力机升降台，使活塞与试样接触，此时轴向变形指示计的变化值为试样固结时的高度变化。

(3)剪切试样应按下列步骤进行：

①剪切应变速率，黏土宜为每分钟应变 0.05% ~0.1%，粉土为每分钟应变 0.1% ~ 0.5%。

②将测力计、轴向变形指示计及孔隙水压力读数均调整至零。

③启动电动机，合上离合器，开始剪切。测力计、轴向变形、孔隙水压力应按步骤进行测记。

④试验结束，关电动机，关各阀门，脱开离合器，将离合器调至粗位，转动粗调手轮，将压力室降下，打开排气孔，排除压力室内的水，拆卸压力室罩，拆除试样，描述试样破坏形状，称试样质量，并测定试样含水率。

(4)试样固结后的高度应按下式计算：

$$h_c = h_0\left(1 - \frac{\Delta V}{V_0}\right)^{\frac{1}{3}} \tag{4-43}$$

式中 $h_c$——试样固结后的高度，cm；

$\Delta V$——试样固结后与固结前的体积变化，$cm^3$。

(5)试样固结后的面积应按下式计算：

$$A_c = A_0\left(1 - \frac{\Delta V}{V_0}\right)^{\frac{2}{3}} \tag{4-44}$$

式中 $A_c$——试样固结后的断面面积，$cm^2$。

(6)试样面积的校正应按下式计算：

$$A_a = \frac{A_0}{1 - \varepsilon_1} \tag{4-45}$$

$$\varepsilon_1 = \frac{\Delta h}{h_0} \tag{4-46}$$

(7)主应力差按不固结不排水剪试验计算。

(8)有效主应力比应按下式计算：

①有效大主应力：

$$\sigma_1' = \sigma_1 - \mu \tag{4-47}$$

式中 $\sigma_1'$——有效大主应力，kPa；

$\mu$——孔隙水压力，kPa。

②有效小主应力：

$$\sigma_3' = \sigma_3 - \mu \tag{4-48}$$

式中 $\sigma_3'$——有效小主应力，kPa。

③有效主应力比：

$$\frac{\sigma_1'}{\sigma_3'} = 1 + \frac{\sigma_1' - \sigma_3'}{\sigma_3'} \tag{4-49}$$

(9)孔隙水压力系数应按下式计算：

①初始孔隙水压力系数：

$$B = \frac{\mu_0}{\sigma_3} \tag{4-50}$$

式中 $B$——初始孔隙水压力系数；

$\mu_0$——施加周围压力产生的孔隙水压力，kPa。

②破坏时孔隙水压力系数：

$$A_t = \frac{\mu_t}{B(\sigma_1 - \sigma_3)} \tag{4-51}$$

式中 $A_t$——破坏时的孔隙水压力系数；

$\mu_t$——试样破坏时，主应力差产生的孔隙水压力，kPa。

(10)主应力差与轴向应变关系曲线，应按不固结不排水剪试验的规定绘制(见图4-31)。

(11)以有效应力比为纵坐标，轴向应变为横坐标，绘制有效应力比与轴向应变的关系曲线(见图4-33)。

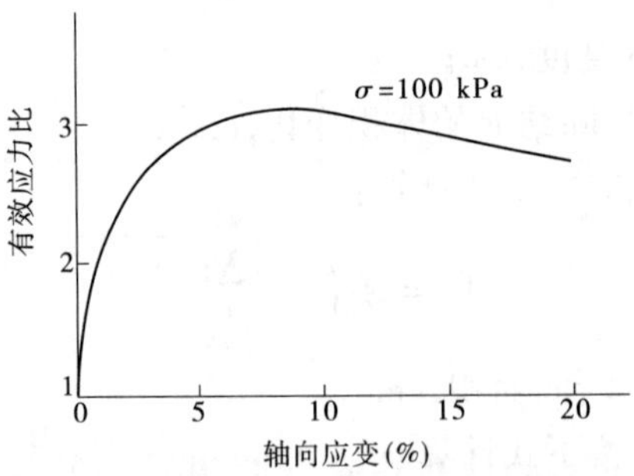


图4-33 有效应力比与轴向应变关系曲线

(12)以孔隙水压力为纵坐标、轴向应变为横坐标，绘制孔隙水压力与轴向应变关系曲线(见图4-34)。

(13)以$\frac{\sigma_1'-\sigma_3'}{2}$为纵坐标、$\frac{\sigma_1'+\sigma_3'}{2}$为横坐标,绘制有效应力路径曲线(见图4-35),并计算有效内摩擦角和有效黏聚力。

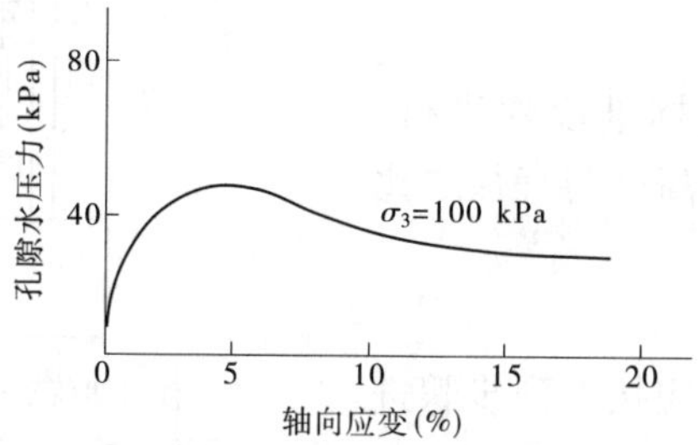


图4-34 孔隙水压力与轴向应变关系曲线

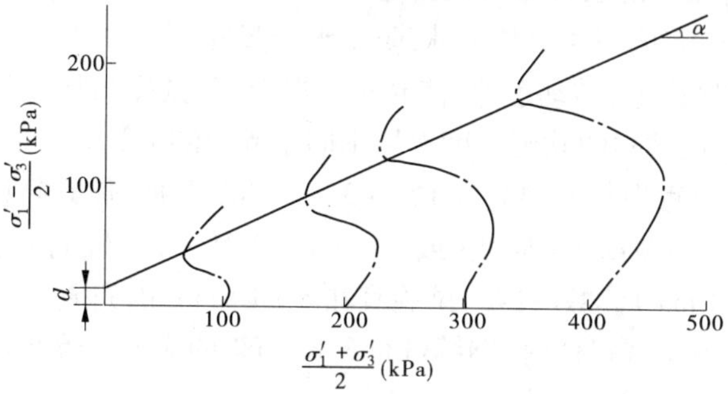


图4-35 有效应力路径曲线

①有效内摩擦角:

$$\varphi' = \arcsin\tan\alpha \tag{4-52}$$

式中 $\varphi'$——有效内摩擦角,(°);

$\alpha$——应力路径图上破坏点连线的倾角,(°)。

②有效黏聚力:

$$c' = \frac{d}{\cos\varphi'} \tag{4-53}$$

式中 $c'$——有效黏聚力,kPa;

$d$——应力路径上破坏点连线在纵轴上的截距,kPa。

(14)以主应力差或有效主应力比的峰值作为破坏点,无峰值时,以有效应力路径的密集点或轴向应变15%时的主应力差值作为破坏点。

## 四、无侧限抗压强度试验

### (一)适用范围

适用于饱和黏土。

### (二)试验仪器

主要仪器设备有:

(1)应变控制式无侧限压缩仪:由测力计、加压框架、升降设备组成(见图4-36)。

(2)轴向位移计(百分表):量程10 mm,分度值0.01 mm的百分表或准确度为全量程0.2%的位移传感器。

(3)天平:称量500 g,最小分度值0.1 g。

**(三)试样制备**

原状土试样制备应按标准步骤进行。试样直径宜为35~50 mm,高度与直径之比宜采用2.0~2.5。

**(四)试验步骤**

无侧限抗压强度试验,应按下列步骤进行:

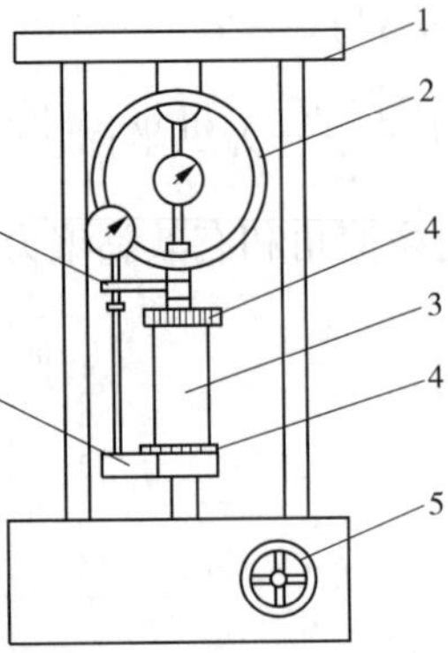

1—轴向加荷架;2—轴向测力计;3—试样;4—上、下传压板;5—手轮;6—升降板;7—轴向位移计

**图4-36 应变控制式无侧限压缩仪**

(1)将试样两端抹一薄层凡士林,在气候干燥时,试样周围亦需抹一薄层凡士林,防止水分蒸发。

(2)将试样放在底座上,转动手轮,使底座缓慢上升,试样与加压板刚好接触,将测力计读数调整为零。根据试样的软硬程度选用不同量程的测力计。

(3)轴向应变速率宜为每分钟应变1%~3%。转动手柄,使升降设备上升进行试验,轴向应变小于3%时,每隔0.5%应变(或0.4 mm)读数一次;轴向应变大于等于3%时,每隔1%应变(或0.8 mm)读数一次。试验宜在8~10 min内完成。

(4)当测力计读数出现峰值时,继续进行3%~5%的应变后停止试验;当读数无峰值时,试验应进行到应变达20%为止。

(5)试验结束,取下试样,描述试样破坏后的形状。

(6)当需要测定灵敏度时,应立即将破坏后的试样除去涂有凡士林的表面,加少许余土,包于塑料薄膜内用手搓捏,破坏其结构,重塑成圆柱形,放入重塑筒内,用金属垫板,将试样挤成与原状试样尺寸、密度相等的试样,并按(1)~(5)的步骤进行试验。

**(五)数据整理**

(1)轴向应变应按下式计算:

$$\varepsilon_1 = \frac{\Delta h}{h_0} \times 100\% \tag{4-54}$$

式中 $\varepsilon_1$——轴向应变(%);

$h_0$——试样初始高度,cm;

$\Delta h$——轴向变形,cm。

(2)试样面积的校正应按下式计算:

$$A_a = \frac{A_0}{1 - \varepsilon_1} \tag{4-55}$$

式中 $A_a$——校正后试样面积,$cm^2$;

$A_0$——试样初始面积,$cm^2$。

(3)试样所受的轴向应力应按下式计算:

$$\sigma = \frac{CR}{A_a} \times 10 \tag{4-56}$$

式中　$C$——测力计率定系数，N/(0.01 mm)；

$R$——测力计读数(×0.01 mm)；

10——单位换算系数。

(4)以轴向应力为纵坐标、轴向应变为横坐标，绘制轴向应力与轴向应变关系曲线(见图4-37)。取曲线上最大轴向应力作为无侧限抗压强度，当曲线上峰值不明显时，取轴向应变为15%对应的应力作为无侧限抗压强度。

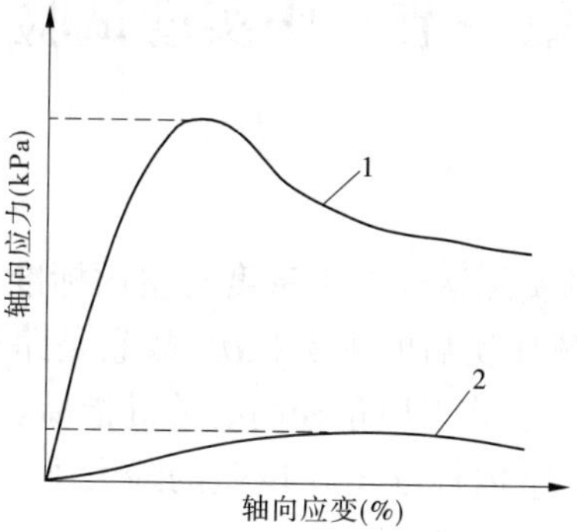


1—原状试样；2—重塑试样

**图4-37　轴向应力与轴向应变关系曲线**

### (六)记录数据

无侧限抗压强度试验记录见表4-30。

**表4-30　无侧限抗压强度试验记录**

工程名称__________　试样编号__________　试验日期__________

计 算 者__________　校 核 者__________　试 验 者__________

| 试验前试样高度 $h_0$ = cm<br>试验前试样直径 $D_0$ = cm<br>试验前试样面积 $A_0$ = $cm^2$<br>试样质量 $m$ = g<br>试样密度 $\rho$ = $g/cm^3$<br>轴向变形 $\Delta h$ = 0.01 mm<br>测力计率定系数 $C$ = N/(0.01 mm)<br>原状试样无侧限抗压强度 $q_u$ = kPa<br>重塑试样无侧限抗压强度 $q_u'$ = kPa | | | 试样破坏情况 | | |
|---|---|---|---|---|---|
| 测力计量表读数 $R$ (0.01 mm) | 轴向变形 $\Delta h$ (0.01 mm) | 轴向应变 $\varepsilon_1$ (0.01 mm) | 校正后面积 $A_a$ ($cm^2$) | 轴向荷载 $W$ (N) | 轴向应力 $\sigma$ (kPa) |
| (1) | (2) | (3) | (4) | (5)=(1)×$C$ | (6)=$\frac{(5)}{(4)}$×10 |
| | | | | | |

# 第五章　现场原位试验

## 第一节　压实度试验

### 一、概述

(1)土的压实度是指现场实际达到的干密度与室内标准击实试验的最大干密度的比值。因压实度能表征现场土体压实后的密实状况,故它是路基路面施工质量检测的关键指标,也是土坝、土堤等填方工程施工质量控制的关键指标。

(2)压实度试验主要包括室内标准击实试验的最大干密度确定(方法见第四章第四节击实试验)和现场土体的密度测定。

(3)测定现场土体密度的试验方法有灌砂法(适用于细粒土、粗粒土和砾类土)、环刀法(适用于细粒土)、核子仪法(适用于细粒土)等。

### 二、仪器设备(灌砂法)

(1)灌砂筒:主要由两部分组成,上部为储砂筒,下部装一倒置的圆锥形漏斗。《公路土工试验规程》(JTG E40—2007)规范采用的储砂筒筒底中心有一直径 10 mm 的圆孔,下部的圆锥形漏斗上端开口的直径与储砂筒的圆孔相同,漏斗焊接在一块铁板上,铁板中心有一直径 10 mm 圆孔与漏斗上开口相接。在储砂筒筒底与漏斗顶端铁板之间设有开关。开关为一薄铁板,一端与筒底及漏斗铁板铰接在一起,另一端伸出筒身外,开关铁板上也有一个相同直径的圆孔。灌砂筒分大、小两种,当集料的最大粒径小于 15 mm,测定层的厚度不超过 150 mm 时,宜采用Φ100 的小型灌砂筒测试。当集料的最大粒径大于等于 15 mm,但不大于 40 mm,测定层的厚度超过 150 mm,但不超过 200 mm 时,应用Φ150 的大型灌砂筒测试。灌砂筒的主要尺寸如表 5-1 和图 5-1 所示。

**表 5-1　灌砂筒的主要尺寸**

| 结构 | | 小型灌砂筒 | 大型灌砂筒 |
|---|---|---|---|
| 储砂筒 | 直径(mm) | 100 | 150 |
| | 容积($cm^3$) | 2 120 | 4 600 |
| 流砂孔 | 直径(mm) | 10 | 15 |
| 金属标定罐 | 内径(mm) | 100 | 150 |
| | 外径(mm) | 150 | 200 |
| 金属方盘基板 | 边长(mm) | 350 | 400 |
| | 深(mm) | 40 | 50 |
| | 中孔直径(mm) | 100 | 150 |

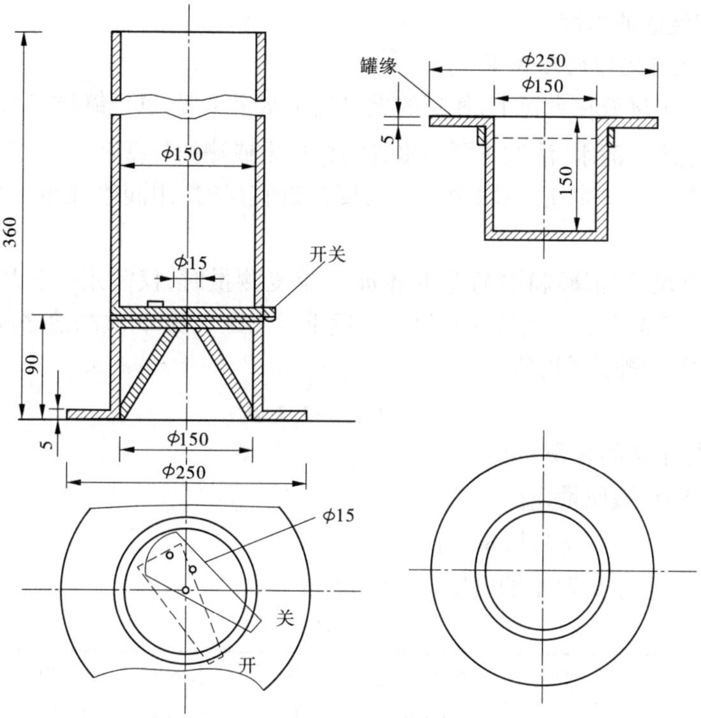


**图 5-1　灌砂筒和标定罐**

(2)标定罐:用薄铁板制作,上端周围有一罐缘,如图 5-1 所示;尺寸见表 5-1。注意标定罐的深度应与拟挖试坑深度相同。

(3)基板:用薄铁板制作,盘的中心有一圆孔,尺寸见表 5-1。

(4)天平:10 kg,最小分度值 5 g;称量 500 g,最小分度值 0.1 g。

(5)其他:凿子、铁锤、长把勺子、毛刷、铝盒、玻璃板等。

## 三、标定量砂的密度

### (一)测定灌砂筒下部圆锥漏斗内量砂的质量

(1)向储砂筒筒内装入量砂,量砂装到距筒顶 15 mm 左右为止,称取装入筒内量砂质量 $m_1$。以后试验装砂时都维持这个质量不变。

(2)打开开关,使储砂筒筒底的流砂孔、圆锥形漏斗上端开的圆孔及开关铁板中心的圆孔上下对准,让砂自由流出,并使流出砂的体积与工地所挖试坑的体积相当(或等于标定罐的容积),然后关上开关。称出此时储砂筒内剩余量砂质量 $m_5$(准确至 1 g)。

(3)轻轻地将灌砂筒移至玻璃板上(不要晃动储砂筒的砂),将开关打开,让砂流出,直到储砂筒内量砂不下流时,将开关关上,并细心地取走灌砂筒。

(4)收集并称量留在玻璃板上的量砂或称量储砂筒内的量砂质量,玻璃板上的量砂就是灌砂筒下部圆锥体的量砂质量 $m_2$。重复上述测量 3 次(注意每次装砂质量、高度保持不变),取其平均值 $m_2$(准确至 1 g)。

**（二）标定量砂的密度**

1. 用水确定标定罐的容积 $V$

（1）将空标定罐放在台秤上，使罐的上口处于水平位置，读记罐质量 $m_7$，准确至 1 g。

（2）向标定罐中灌水，注意不要将水弄到台秤上或罐的外壁。

（3）将一直尺放在罐顶，当罐中水面快要接近直尺时，用滴管往罐中加水，直到水面接触直尺。

（4）移去直尺，读记罐和水的总质量 $m_8$。重复测量时，仅需用吸管从罐中取出少量水，并用滴管重新将水加满到接触直尺。一般重复测定 3 次，3 次测值之间的差值不得大于 3 mL，取 3 次的测值平均值。

$$V = (m_8 - m_7)/\rho_{wT} \tag{5-1}$$

式中 $V$——标定罐的容积，mL；

$m_7$——标定罐质量，g；

$m_8$——标定罐和水总质量，g；

$\rho_{wT}$——不同水温时水的密度，g/cm³，查表 5-2。

**表 5-2　水的密度**

| 温度（℃） | 水的密度（g/cm³） | 温度（℃） | 水的密度（g/cm³） | 温度（℃） | 水的密度（g/cm³） | 温度（℃） | 水的密度（g/cm³） |
|---|---|---|---|---|---|---|---|
| 4.0 | 1.000 0 | 12.0 | 0.999 5 | 20.0 | 0.998 2 | 28.0 | 0.996 2 |
| 5.0 | 1.000 0 | 13.0 | 0.999 4 | 21.0 | 0.998 0 | 29.0 | 0.995 9 |
| 6.0 | 0.999 9 | 14.0 | 0.999 2 | 22.0 | 0.997 8 | 30.0 | 0.995 7 |
| 7.0 | 0.999 9 | 15.0 | 0.999 1 | 23.0 | 0.997 5 | 31.0 | 0.995 3 |
| 8.0 | 0.999 9 | 16.0 | 0.998 9 | 24.0 | 0.997 3 | 32.0 | 0.995 0 |
| 9.0 | 0.999 8 | 17.0 | 0.998 8 | 25.0 | 0.997 0 | 33.0 | 0.994 7 |
| 10.0 | 0.999 7 | 18.0 | 0.998 6 | 26.0 | 0.996 8 | 34.0 | 0.994 4 |
| 11.0 | 0.999 6 | 19.0 | 0.998 4 | 27.0 | 0.996 5 | 35.0 | 0.994 0 |

2. 测定装满标定罐所需量砂的质量 $m_a$

（1）在储砂筒中装入质量为 $m_1$ 的量砂，并将灌砂筒放在标定罐上。

（2）将开关打开，让量砂流出，直到储砂筒内量砂不再下流时，关闭开关，取下灌砂筒，称取储砂筒内剩余的量砂质量 $m_3$，准确至 1 g。计算装满标定罐所需量砂的质量 $m_a$：

$$m_a = m_1 - m_2 - m_3 \tag{5-2}$$

式中 $m_1$——灌砂入标定罐前，储砂筒内装入的量砂质量，g；

$m_2$——灌砂筒下部圆锥漏斗内量砂的平均质量，g；

$m_3$——灌砂入标定罐后，储砂罐内剩余量砂的质量，g。

3. 计算量砂的密度

按下式计算量砂的密度 $\rho_s$：

$$\rho_s = \frac{m_a}{V} \tag{5-3}$$

## 四、试验步骤

### （一）称重

在试验地点，选一平坦地面，并将其清扫干净，其面积不得小于基板面积；将基板放在平坦表面上，当表面的粗糙程度较大时，则将盛有量砂 $m_5$ 的灌砂筒放在基板中间的圆孔上，将灌砂筒的开关打开，让砂流入基板的中孔内，直到储砂筒内的砂不再下流时关闭开关，取下灌砂筒，并称量筒内量砂的质量 $m_6$；取走基板，并将留在试验地点的量砂收回，重新将表面清扫干净。

### （二）凿洞测试样质量

将基板放回清扫干净的表面上（尽量放在原处），沿基板中孔凿洞（洞的直径与灌砂筒一致）。在凿洞过程中，应注意不使凿出的试样丢失，并随时将凿松的试样取出装入塑料袋中，不使水分蒸发；试洞的深度应等于测定层的厚度，但不得有下层材料混入，最后将洞内全部凿松的试样取出；对土基或基层，为防止试样盒内的水分蒸发，可分几次称取试样的质量。全部取出试样的总质量为 $m_w$，准确至 1 g。

### （三）测试样含水率

从挖出的全部试样中取出有代表性的样品，测定其含水率。用小灌砂筒测定时，对于细粒土，不少于 100 g；对于各种粗粒土，不少于 500 g。用大灌砂筒测定时，对于细粒土，不少于 200 g；对于各种粗粒土，不少于 1 000 g。

### （四）灌砂

将基板安放在试洞上，将灌砂筒安放在板基中间（储砂筒内装入质量为 $m_1$ 的量砂），使灌砂筒的下口对准基板的中孔及试洞，打开灌砂筒的开关，让砂流入试洞内，直到储砂筒内的量砂不再下流时，关闭开关。取走灌砂筒，并称量筒内剩余量砂的质量 $m_4$，准确至 1 g。

当清扫干净的平坦表面，粗糙度不大时，可省去上述操作。在试洞挖好后，不需放基板，将灌砂筒直接对准放在试洞上，用同样的方法将试洞内灌满量砂，并称量筒内剩余量砂的质量 $m_4'$。仔细取出试洞内的量砂，以备下次试验时再用。若量砂的湿度已发生变化或量砂中混入杂质，则应重新烘干、过筛，并放置一段时间，使其与空气的湿度达到平衡后再用。

### （五）注意

当试洞中有较大孔隙，量砂可能进入孔隙中时，则应按试洞的外形，松弛地放入一层柔软的纱布，然后进行灌砂试验。

## 五、计算

（1）按下面各式分别计算填满试洞所用量砂的质量 $m_b$：

灌砂时试洞上放有基板时： $m_b = m_1 - m_4 - (m_5 - m_6)$ （5-4）

灌砂时试洞上不放基板时： $m_b = m_1 - m_4' - m_2$ （5-5）

式中 $m_b$——填满试洞的量砂的质量，g；

$m_1$——灌砂前储砂筒内量砂的质量，g；

$m_2$——灌砂筒下部圆锥体内量砂的质量,g;

$m_4$、$m_4'$——灌砂后,储砂筒内剩余量砂的质量,g;

$m_5 - m_6$——灌砂筒下部圆锥体内及基板和粗糙表面间量砂的合计质量,g。

(2)按下式计算试洞内试样的湿密度 $\rho_w$:

$$\rho_w = \frac{m_w}{m_b} \times \rho_s \tag{5-6}$$

式中 $m_w$——试洞中取出的全部试样的质量,g;

$\rho_s$——量砂的密度,g/cm$^3$。

(3)按下式计算试洞试样的干密度 $\rho_d$:

$$\rho_d = \frac{\rho_w}{1 + 0.01\omega} \tag{5-7}$$

式中 $\omega$——试洞试样的含水率(%)。

(4)按下式计算施工压实度 $K$:

$$K = \frac{\rho_d}{\rho_{dmax}} \times 100\% \tag{5-8}$$

式中 $K$——测定地点的施工压实度(%);

$\rho_d$——试样的干密度,g/cm$^3$;

$\rho_{dmax}$——由击实试验测得的试样最大干密度,g/cm$^3$。

## 六、试验记录

试验记录见表5-3。

## 七、核子仪测湿密度的基本原理

核子仪仪器内部有一个含铯(137)$\gamma$ 放射源和镅(241)-铍中子源的复合源,其中 $\gamma$ 源用来测量湿密度,中子源用来测量含水率。

### (一)测量湿密度的原理

测密度时,铯(137)$\gamma$ 源发出 $\gamma$ 射线进入被测试样,如果试样的密度较低,大量的射线就会穿过它,被装在仪器内的记数管检测到,那么单位时间内测到的数值就较大;反之,如果被测体的密度较高,它就会吸收部分 $\gamma$ 射线,起辐射屏障作用,在同样的单位时间内测到的数值就小。然后,微处理器把检测管接受数值(称为密度计数值)除以存储在仪器内的密度标准数值,得到计数比,微处理机根据计数比算出被测试样密度(这种密度因包含被测体内的水分,故又称为湿密度)。

### (二)含水率测量的原理

由镅(241)-铍中子源发出的高能中子射入被测试样中,被测试样水分中的氢原子与高能中子相碰撞使之减速,减速后的慢中子被仪器内的中子探测管接收到。被测试样含水率大,单位时间内所转化的慢中子数就多,检测管接收的慢中子数就多;反之,就小。然后,微处理器把接收的慢中子数(称为水分计数值)与仪器内的水分标准计数值进行比较,得到水分计数比,再把计数比送入水分计算程序可算出被测试样的含水率。

**表 5-3　灌砂法试验记录**

工程名称__________　试样编号__________　试验日期__________

计 算 者__________　校 核 者__________　试 验 者__________

| 试样的最大干密度 $\rho_{dmax}$：__________ $g/cm^3$ | | | | | 量砂的密度 $\rho_s$：__________ $g/cm^3$ | | | |
|---|---|---|---|---|---|---|---|---|
| 取样地点(桩号) | | | | | | | | |
| 试洞深度 | | | | | | | | |
| 储砂筒内量砂质量 $m_1$ | 1 | g | | | | | | |
| 试洞中挖出试样质量 $m_w$ | 2 | g | | | | | | |
| 圆锥体内量砂质量 $m_2$ | 3 | g | | | | | | |
| 灌砂后筒内余砂质量 $m_4(m_4')$ | 4 | g | | | | | | |
| 试洞中量砂质量 $m_b$ | 5 | g | | | | | | |
| 试样的湿密度 $\rho_w$ | 6 | $g/cm^3$ | | | | | | |
| 盒号 | 7 | g | | | | | | |
| 盒 + 湿土质量 | 8 | g | | | | | | |
| 盒 + 干土质量 | 9 | g | | | | | | |
| 盒质量 | 10 | g | | | | | | |
| 水质量 | 11 | g | | | | | | |
| 干土质量 | 12 | g | | | | | | |
| 含水率 | 13 | % | | | | | | |
| 平均含水率 | 14 | % | | | | | | |
| 试样的干密度 $\rho_d$ | 15 | $g/cm^3$ | | | | | | |
| 压实度 $K$ | 16 | % | | | | | | |

# 第二节　标准贯入试验

## 一、概述

(1)标准贯入试验是用(63.5 ±0.5)kg 的穿心锤,以(76 ±2)cm 的自由落距,将一定规格的标准贯入器在孔底先预打入土中 15 cm,测记再打入土中 30 cm 的锤击数,称为标准贯入锤击数 $N$。目的是用测得的标准贯入锤击数,判断砂土、粉土、黏性土的物理状态,确定地基土承载力,评定砂土和粉土的液化并估计单桩承载力等。

(2)地基承载力为地基土单位面积上所能承受荷载的能力。

(3)标准贯入试验适用于砂土、粉土和一般黏性土。

## 二、仪器设备

标准贯入试验设备比较简单,主要由贯入器、穿心锤和钻杆三部分组成,设备具体规格如表5-4所列,设备结构如图5-2所示。

**表5-4　标准贯入试验设备规格**

| | | | |
|---|---|---|---|
| 穿心锤 | | 锤的质量(kg) | 63.5 |
| | | 落距(cm) | 76 |
| 贯入器 | 对开管 | 长度(mm) | >500 |
| | | 外径(mm) | 51 |
| | | 内径(mm) | 35 |
| | 管靴 | 长度(mm) | 50~76 |
| | | 刃口角度(°) | 18~20 |
| | | 刃口单刃厚度(mm) | 2.5 |
| 钻杆 | | 直径(mm) | 42 |
| | | 相对弯曲 | <1/1 000 |

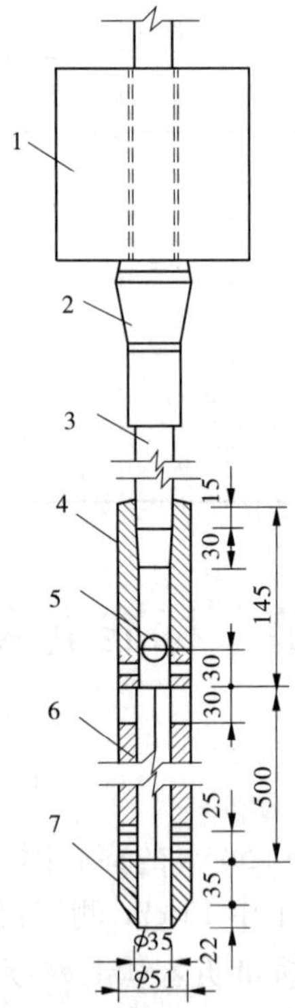


1—穿心锤;2—锤垫;3—钻杆;4—贯入器头;5—出水孔;6—贯入器身;7—贯入器靴

**图5-2　标准贯入试验装置**

## 三、试验步骤

(1)钻探成孔:为保证标准贯入试验的钻孔质量,要求采用回转钻进。一般先钻进至试验土层标高以上0.15 m处,清除孔底残土,要求残土厚度不大于10 cm。清孔时应避免试验土层受到扰动。当在地下水位以下的土层试验时,应保持孔内水位略高于地下水位,以免出现涌砂和坍孔,必要时应下套管或用泥浆护壁。

(2)贯入准备:贯入前检查钻杆与贯入器的接头是否已连接稳妥,然后将贯入器放入孔底,应避免冲击孔底。注意保持贯入器、钻杆、导向杆联接后的垂直度,并在孔口加导向器,以保证穿心锤中心施力,贯入器垂直打入。

(3)贯入:采用自动脱钩的自由落锤法进行锤击,锤击速率为15~30击/min。贯入时,先将贯入器打入土中15 cm后,再开始记录每打入10 cm的锤击数,累计打入30 cm的锤击数为标准贯入试验锤击数$N$。当土层较硬时,若累计锤击数已达50击,而贯入深度未达到30 cm,应终止试验,记录50击的实际贯入深度。

(4)土样描述:旋转钻杆,提出贯入器,取出贯入器中的土样,进行鉴别描述,必要时进行土工试验。

重复上述步骤,进行下一深度的贯入试验,直到所需深度。

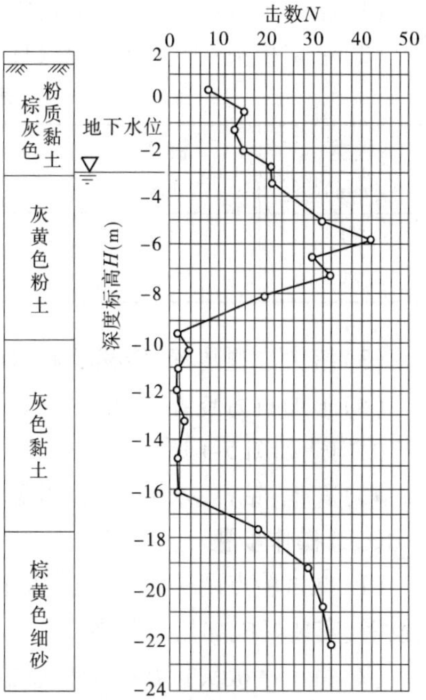

图5-3 N—H关系曲线

## 四、计算和制图

(1)按下式换算成相当于30 cm的标准贯入试验锤击数$N$:

$$N = 30 \times \frac{50}{\Delta S} \tag{5-9}$$

式中 $\Delta S$——50击时的贯入度,cm。

(2)标准贯入试验成果$N$可直接标在工程地质剖面图上,也可绘制标准贯入锤击数$N$和贯入深度标高$H$的关系曲线,如图5-3所示。

## 五、试验记录

试验记录见表5-5。

**表5-5 标准贯入试验记录**

工程名称________ 钻孔编号________ 孔口标高________ 地下水位________

试 验 者________ 记 录 者________ 校 核 者________ 试验日期________

| 序号 | 浮土厚度(m) | 试验深度(m) | 贯入深度(m) | 击数(N) | 描述 |
|---|---|---|---|---|---|
| | | | | | |
| | | | | | |
| | | | | | |

# 第三节　十字板剪切试验

## 一、概述

(1)十字板剪切试验是将具有一定高与直径之比的十字板插入土层中，通过钻杆对十字板头施加扭矩使其等速旋转，测出土的抵抗力矩，换算出地基土的抗剪强度。

(2)十字板剪切试验只适用于内摩擦角 $\varphi=0°$ 的饱和软黏土的不排水抗剪强度测定，测得的抗剪强度相当于不排水剪的黏聚力 $c_u$ 值。其试验方法按力的传递方式不同分为电测式和机械式两类。

## 二、电测式十字板剪切试验

### (一)仪器设备

(1)压入主机：应能将十字板头垂直压入土中，可采用触探主机或其他压入设备。

(2)十字板头：十字板头形状宜为矩形，径高比为 1:2，其规格见表 5-6。

**表 5-6　十字板头规格**

| 板宽(mm) | 板高(mm) | 板厚(mm) | 刃角(°) | 轴杆尺寸 | |
|---|---|---|---|---|---|
| | | | | 直径(mm) | 长度(mm) |
| 50 | 100 | 2 | 60 | 13 | 50 |
| 75 | 150 | 3 | 60 | 16 | 50 |

(3)扭力量测装置：传感器和量测仪表等。

(4)施加扭力装置：由蜗轮、蜗杆、变速齿轮、钻杆夹具和手柄组成，电测式十字板剪切仪的构造如图 5-4 所示。

(5)其他：钻杆、水平尺、管钳等。

### (二)操作步骤

(1)在试验点两旁将地锚旋入土中，安装和固定压入主机，用分度值为 1 mm 的水平尺校平，安装好施加扭力装置。

(2)将十字板头接在扭力传感器上并拧紧。把穿好电缆的钻杆插入扭力装置的钻杆夹具孔内，将传感器的电缆与穿过钻杆的电缆连接，并进行防水处理。接通测量仪表，然后拧紧钻杆，钻杆应平直，宜在十字板以上 1 m 的钻杆接头处架扩孔器。

(3)将十字板头直接压入到欲测试的试验深度处，当试验深度处为较硬夹层时，应穿过该夹层再进行试验。

(4)拧紧扭力装置上的钻杆夹具，并将量测仪表调零或读取初始读数。

(5)施加扭力，当量测仪表读数开始增大时，开始记时，以 0.1°/s 的速率旋转钻杆，每转 1°测记读数 1 次，应在 2 min 内测得峰值，当读数出现峰值或稳定值后，再继续旋转测记 1 min。峰值或稳定值作为原状土剪切破坏时的读数。

(6)松开钻杆夹具，用扳手或管钳快速将钻杆顺时针方向旋转 6 圈，使十字板头周围的土充分扰动后，立即拧紧钻杆夹具，按步骤(5)的规定，测记重塑土剪切破坏时的读数。

(7)完成一个试验深度后，松开钻杆夹具，继续贯入十字板头至下一个试验深度进行试验。对均质土，竖向间距可为1 m；对非均质土或夹薄层粉细砂的软黏性土，宜先做静力触探，结合土层变化，选择软黏土进行试验。

(8)待全孔试验完毕后，逐节提取钻杆和十字板头，清洗干净，检查各部件的完好程度，拆除压入主机。

**(三)计算和制图**

(1)十字板剪切强度 $C_u$、$C'_u$ 计算：

$$C_u = 10K'\xi R_y \quad (5\text{-}10)$$

$$C'_u = 10K'\xi R_e \quad (5\text{-}11)$$

$$K' = \frac{1}{\pi D^2 H\left(1 + \frac{D}{3H}\right)} \quad (5\text{-}12)$$

式中 $C_u$——原状土抗剪强度，kPa；

$C'_u$——重塑土抗剪强度，kPa；

$D$——十字板头直径，cm；

$H$——十字板头高度，cm；

$\xi$——传感器率定系数，N·cm/με；

$R_y$——原状土剪切破坏时的读数，με；

$R_e$——重塑土剪切破坏时的读数，με；

$K'$——与十字板头尺寸有关的常数，$cm^{-3}$；

10——单位换算系数。

(2)土的灵敏度 $S_t$ 计算如下：

$$S_t = C_u / C'_u \quad (5\text{-}13)$$

(3)绘制抗剪强度 $C_u$ 值随深度变化曲线，如图5-5所示。

**(四)试验记录**

试验记录见表5-7。

## 三、机械式十字板剪切试验

**(一)仪器设备**

(1)十字板头：其规格见表5-6。连接形式有离合式和牙嵌式两种，如图5-6所示。

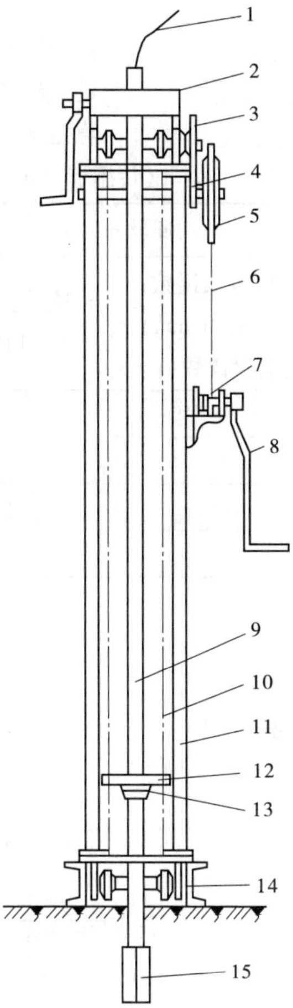


1—电缆；2—施加扭力装置；
3—大齿轮；4—小齿轮；5—大链条；
6、10—链条；7—小链条；8—摇把；
9—探杆；11—支架立杆；12—山形板；
13—电压板；14—槽钢；15—十字板头

**图5-4 电测式十字板剪切仪的构造示意图**

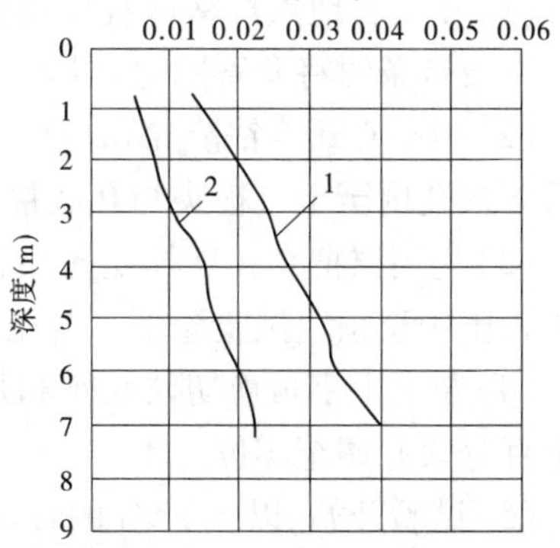


**图5-5 抗剪强度 $C_u$ 值随深度变化曲线**

表 5-7　十字板剪切试验记录

工程名称________　试验地点________　试验孔号________　孔口标高________
试 验 者________　记 录 者________　校 核 者________　试验日期________
试验深度________　稳定水位________　十字板规格:$D$ ____(mm)　$H$ ________(mm)
$K(K')$________　钢环(传感器)编号________　率定系数________ N/mm,N · cm/με

| 序号 | 原状土 | | 重塑土 | | 轴杆 | 说明 |
|---|---|---|---|---|---|---|
| | 百分表读数(×0.01 mm)应变仪读数(με) | 抗剪强度 $C_u$(kPa) | 百分表读数(×0.01 mm)应变仪读数(με) | 抗剪强度 $C'_u$(kPa) | 百分表读数(×0.01 mm) | |
| | | | | | | |
| | | | | | | |
| | | | | | | |
| | | | | | | |

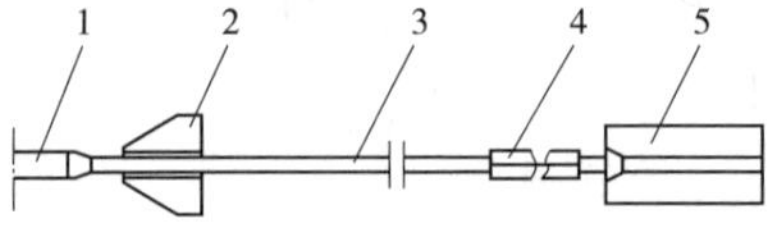


(a)离合式

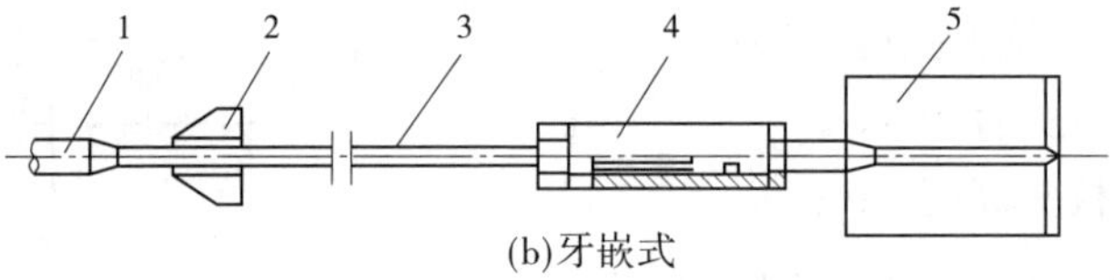


(b)牙嵌式

1—钻杆;2—导轮;3—轴杆;4—离合器;5—十字板头

**图 5-6　十字板头离合器示意图**

(2)扭力装置:由开口钢环、刻度盘、旋转手柄等组成。机械式十字板剪切试验仪的构造如图 5-7所示。

(3)其他:钻杆、水平尺、管钳等。

**(二)操作步骤(离合式十字板头)**

(1)在试验地点按钻探程序将套管下至欲测试深度以上 3 ~ 5 倍套管直径处,并用木套管夹或链条钳将套管固定,以防套管下沉或扭力过大发生反向旋转。

(2)用空心螺旋钻清除孔内残土。将十字板头、轴杆、钻杆逐节接好并用管钳拧紧,然后下入孔内至十字板头与孔底接触。

(3)先用摇把套在导杆上向左转动使十字板头与离合器紧密接触,再将十字板头徐徐压入土中至预定试验深度。若压入有困难,可轻轻用锤击入。

(4)装上十字板剪切仪底座和加力、测力装置,并将底座与套管之间用制紧轴拧紧,装上百分表并调至零位。

(5)试验开始,以 0.1°/s 的转速转动手摇柄,同时开动秒表,每转 1°测记百分表读数 1 次,当读数出现峰值或稳定值后,再继续旋转测读 1 min。其峰值读数或稳定值读数即

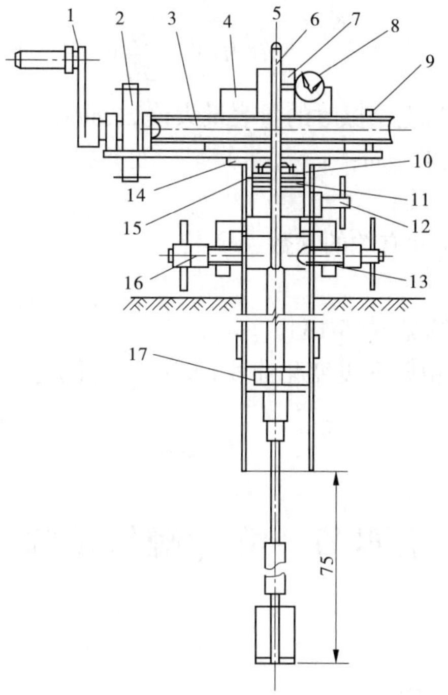


1—手摇柄；2—齿轮；3—涡轮；4—开口钢环；5—导管；6—特制键；
7—固定夹；8—量表；9—支座；10—压圈；11—平面弹子盘；12—锁紧轴；
13—底座；14—固定套；15—横销；16—制紧轴；17—导轮

**图 5-7　机械式十字板剪切试验仪的构造示意图**

作为原状土剪切破坏时量表最大读数 $R_y$。

(6)完成原状土的试验后，拔下连接导杆与测力装置的特制键，在导杆上端装上旋转手柄，顺时针方向连续转动 6 圈，使十字板头周围的土充分扰动，取下旋转手柄，再插入特制键，按步骤(5)的规定，测记重塑土剪切破坏时的读数 $R_e$。

(7)拔掉特制键，将十字板轴杆向上提 3 ~ 5 cm，使连接轴杆与十字板头的离合器脱离，再插上特制键，匀速转动手摇柄，测记轴杆与土摩擦时的量表稳定读数 $R_g$。

(8)完成上述试验步骤后，拔出十字板，继续钻进，下套管，再进行下一深度的试验，测试间隔取 0.75 ~ 1.0 m。

(9)试验完毕后，卸下转动部件和底座，逐节提取钻杆和十字板头。清洗十字板头，检查各部件的完好程度。

当采用牙嵌式板头时，轴杆校正不需提起导杆，逆时针快速转动摇手柄 10 余圈，使轴杆与十字板头脱离，再顺时针方向匀速转动手柄，测记轴杆与土摩擦时的量表读数 $R_g$，其余操作步骤与离合式十字板相同。

**(三)计算和制图**

(1)十字板剪切强度 $C_u$、$C'_u$ 计算：

$$C_u = 10KC(R_y - R_g) \tag{5-14}$$

$$C'_u = 10KC(R_e - R_g) \tag{5-15}$$

$$K = \frac{2L}{\pi D^2 H\left(1 + \frac{D}{3H}\right)} \tag{5-16}$$

式中 $R_g$——轴杆和钻杆与土摩擦时的量表最大读数,mm;

$L$——率定时的力臂长,cm;

$C$——钢环系数,N/mm;

$K$——与十字板头尺寸有关的常数,$cm^{-2}$;

其他符号含义同前。

(2)土的灵敏度 $S_t$ 计算见式(5-13)。

(3)绘制抗剪强度 $C_u$ 值随深度变化曲线,如图 5-5 所示。

**(四)试验记录**

试验记录见表 5-7。

# 第四节　静力触探试验

## 一、概述

(1)静力触探试验是利用机械或油压装置将一个内部装有传感器的探头以一定的速度匀速压入土中,由于地层中各土层的强度不同,探头在贯入过程中所受到的阻力也不同,用电子量测仪器测试土的比贯入阻力(锥头阻力、侧壁摩阻力)。静力触探试验的成果可用于划分土层、确定地基土的承载力、变形模量以及其他物理力学性质指标,选择桩基持力层、预估单桩承载力及判别沉桩的可能性、检查人工填土的密实度及地基加固效果、判别砂土的密度及液化的可能性。

(2)变形模量是指在无侧限条件下竖向应力增量与相应竖向应变增量的比值。

(3)静力触探试验适用于软土、一般黏性土、粉土、砂土和含少量碎石的土。

## 二、仪器设备

(1)触探主机:应能匀速地将探头垂直压入土中,贯入速度为 1.2 m/min,如图 5-8 所示。

(2)反力装置:可用地锚、压重、车辆自重提供所需的反力。

(3)探头:探头的结构按功能分为单桥探头、双桥探头和孔压探头。

①单桥探头用于测定锥尖与侧阻的综合值(即比贯入阻力 $p_s$),主要由探头管、顶柱、变形柱(传感器)及锥头组成,如图 5-9 所示。

②双桥探头是将锥尖与侧壁摩擦筒分离,分别测定单位面积上的锥尖阻力 $q_c$ 和侧摩阻力 $f_s$,其结构如图 5-10 所示。

③孔压探头除测定锥尖阻力和侧壁摩阻力外,还测定孔隙水压力 $u$ 及其消散情况,其结构如图 5-11 所示。

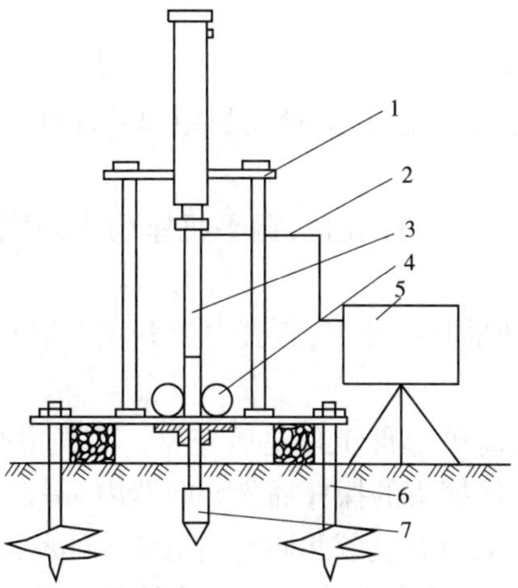


1—触探主机;2—导线;3—探杆;4—深度转换装置;
5—测量记录仪;6—反力装置;7—探头

**图 5-8 贯入装置示意图**

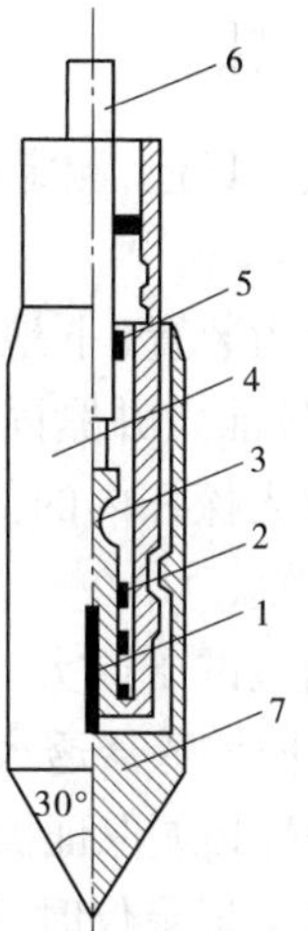


1—顶柱;2—电阻片;3—变形柱;
4—探头筒;5—密封圈;6—电缆;7—锥头

**图 5-9 单桥探头**

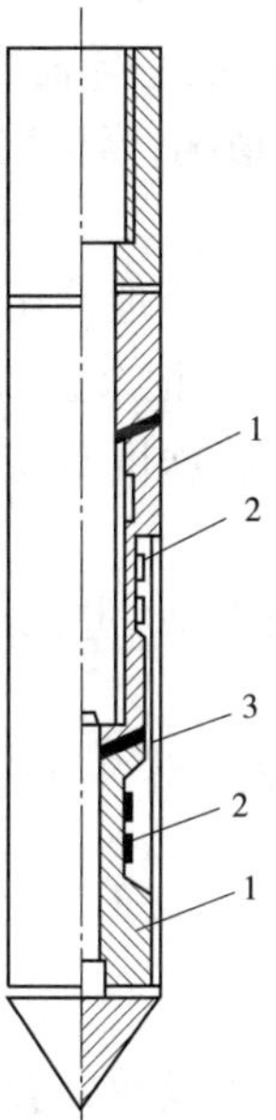


1—变形柱;2—电阻片;3—摩擦筒

**图 5-10 双桥探头**

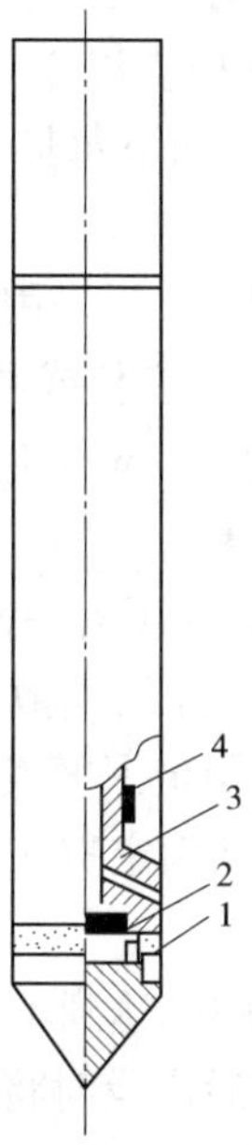


1—透水石;2—孔压传感器;3—变形柱;4—电阻片

**图 5-11 孔压探头**

(4)测量装置:探头贯入土层时变形柱产生的变形由电测仪器测试。常用的量测装置有:①静态电阻应变仪(准确度为 ±2%,分度值为 5 με);②静力触探数字测力仪(准确度自动挡为 0.3%,手动挡为 0.5%);③电子电位差计(0.5 级);④深度记录装置(准确度为 ±1%)。

(5)其他:水准仪(分度值为 1 mm)、管钳等工具。

## 三、操作步骤

(1)平整试验场地,测定出试验点,注意试验点应与已有试验孔的距离不小于20倍已有的孔径。

(2)设置反力装置(下地锚或压载)。将触探主机对准孔位,调平机座(用分度值为1 mm的水准尺校准),并紧固在反力装置上。

(3)将已穿入探杆内的传感器引线按要求接到量测仪器上,打开电源开关,预热并调试到正常工作状态。

(4)贯入前应试压探头,检查顶柱、锥头、摩擦筒等部件工作是否正常。当测孔隙水压力时,应使孔压传感器透水面饱和。正常后将连接探头的探杆插入导向器内,调整垂直并紧固导向装置,必须保证探头垂直贯入土中。启动动力设备并调整到正常工作状态。

(5)采用自动记录仪时,应安装深度转换装置,并检查卷纸机构运转是否正常;采用电阻应变仪或数字测力仪时,应设置深度标尺。

(6)将探头按(1.2 ±0.3)m/min匀速贯入土中0.5 ~1.0 m(冬季应超过冻结线),然后提升探杆5 cm,使探头传感器处于不受力状态。待探头温度与地温平衡后(仪器零位基本稳定),将仪器调零或记录初读数,即可进行正常贯入。在深度6 m内,一般每贯入1 ~2 m,应提升探头检查温漂(即由于探头温度与地温之间的温度差异而引起的仪器零点漂移)并调零;6 m以下每贯入5 ~10 m应提升探头检查回零情况,当出现异常时,应检查原因并及时处理。

(7)在贯入过程中,当采用自动记录时,应根据贯入阻力大小合理选用供桥电压,并随时核对;使用电阻应变仪或数字测力计时,一般每隔0.1 ~0.2 m记录读数1次。

(8)一般每隔2 ~4 m核对一次贯入实际深度与记录深度,若深度有误差,应予以记录并调整。

(9)当测定孔隙水压力消散时,应在预定的深度土层中停止贯入,并按适当的时间间隔或自动测读孔隙水压力消散值,直至基本稳定。

(10)当贯入到预定深度或出现下列情况之一时,应停止贯入。

①触探主机达到额定贯入力,探头阻力达到最大容许压力。

②反力装置失效。

③发现探杆弯曲已达到不能容许的程度。

(11)试验结束后应及时将探头拔出地面,并记录仪器的回零读数,与触探前零读数相比,如不符合要求,应检查原因或重新试验。测试完后探头应立即清洗上油,妥善保管,防止探头被曝晒或受冻。

## 四、资料整理

### (一)原始数据的修正与处理

(1)归零修正:探头的零点漂移是由地温、探头与土摩擦产生的热传导所引起的。当有零点漂移时,一般按回零段内以线性内插法进行校正,校正值等于读数值减零读数内插值。

（2）深度修正：记录深度与实际深度有误差时，应按线性内插法进行修正。

（3）间歇点曲线不连续的修正：在接杆处，自动记录曲线会出现尖峰、喇叭口状的间断，校正时应以停机与开机后 10 cm 深度内的曲线点相连成圆滑的曲线。

**（二）计算和制图**

（1）按下列公式分别计算比贯入阻力 $p_s$、锥头阻力 $q_c$、侧壁摩阻力 $f_s$、孔隙水压力 $u$ 及摩阻比 $F$：

$$p_s = k_p\varepsilon_p \tag{5-17}$$

$$q_c = k_q\varepsilon_q \tag{5-18}$$

$$f_s = k_f\varepsilon_f \tag{5-19}$$

$$u = k_u\varepsilon_u \tag{5-20}$$

$$F = f_s/q_c \tag{5-21}$$

式中 $k_p$、$k_q$、$k_f$、$k_u$——$p_s$、$q_c$、$f_s$、$u$ 对应的率定系数，kPa/με，kPa/mV；

$\varepsilon_p$、$\varepsilon_q$、$\varepsilon_f$、$\varepsilon_u$——单桥探头、双桥探头、摩擦筒及孔压探头传感器的应变量或输出电压，με，mV。

（2）以深度 $H$ 为纵坐标，以锥头阻力 $q_c$（或比贯入阻力 $p_s$）、侧壁摩阻力 $f_s$、摩阻比 $F$ 及孔隙水压力 $u$ 为横坐标，绘制 $q_c$—$H$（$p_s$—$H$）、$f_s$—$H$、$F$—$H$ 及 $u$—$H$ 关系曲线，如图 5-12 所示。

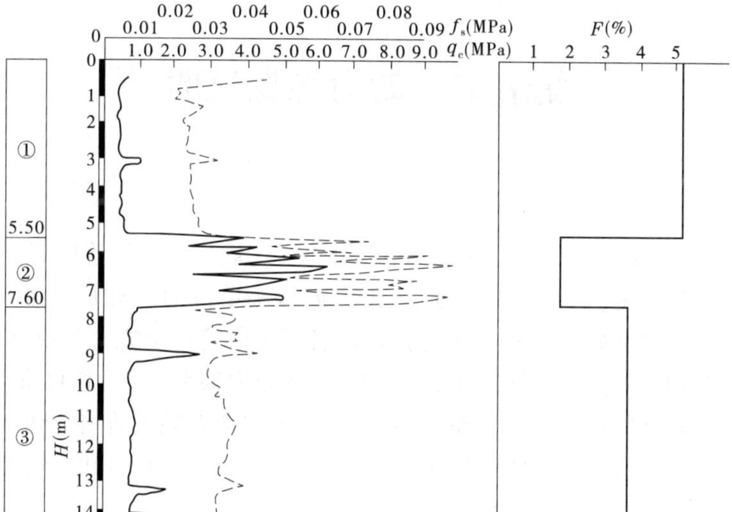


图 5-12 静力触探曲线

(3)根据静力触探资料,可进行概述中提到的静力触探成果应用,具体要求可参考相关规范、手册和地区经验。

**(三)试验记录**

试验记录见表5-8。

**表5-8 静力触探试验记录**

工程名称________ 试验编号________ 孔　号________ 试验日期________

孔口标高________ 试 验 者________ 计 算 者________ 校 核 者________

| 触探深度(m) | 锥头阻力 $q_c(p_s)$ | | 侧壁摩阻力 $f_s$ | | 孔隙水压力 $u$ | | 摩阻比 $F$ |
|---|---|---|---|---|---|---|---|
| | $k_q(k_p)$ = | | $k_f$ = | | $k_u$ = | | $F = f_s/q_c$ (%) |
| | 仪表读数(με,mV) | 贯入阻力(kPa) | 仪表读数(με,mV) | 贯入阻力(kPa) | 仪表读数(με,mV) | 贯入阻力(kPa) | |
| | | | | | | | |
| | | | | | | | |
| | | | | | | | |
| | | | | | | | |
| | | | | | | | |

# 第五节　动力触探试验

## 一、概述

(1)动力触探试验是利用一定的落锤能量,将一定规格的探头连同探杆打入土中,根据打入土中的难易程度(通常以贯入度、锤击数或探头单位面积动贯入阻力来表示),评定土的均匀性和物理性质(状态、密实度),确定各类土的容许承载力和单桩承载力等。

(2)动力触探试验根据锤击能量及探头的规格分为轻型、重型和超重型三种。轻型动力触探适用于浅部的填土、砂土、粉土和黏性土,重型动力触探适用于砂土、中密以下的碎石土、极软岩,超重型动力触探适用于密实和很密的碎石土、软岩和极软岩。

## 二、仪器设备

(1)动力触探仪:由落锤、探头和触探杆(包括锤座和导向杆)组成,其规格如表5-9所列。轻型动力触探试验设备结构如图5-13所示。

(2)重型和超重型动力触探设备须备有自动落锤装置。探头的尺寸如图5-14所示。

## 三、操作步骤

**(一)轻型动力触探($N_{10}$)**

(1)先用轻便钻具钻至试验土层标高以上0.3 m处,然后对所需试验土层连续进行触探。

表 5-9 动力触探设备规格

| 设备类型 | | 轻型 | 重型 | 超重型 |
|---|---|---|---|---|
| 落锤 | 锤的质量(kg) | 10 | 63.5 | 120 |
| | 落距(cm) | 50 | 76 | 100 |
| 探头 | 直径(mm) | 40 | 74 | 74 |
| | 锥角(°) | 60 | 60 | 60 |
| 触探杆 | 直径(mm) | 25 | 42 | 50～60 |
| | 每米质量(kg) | | <8 | <12 |

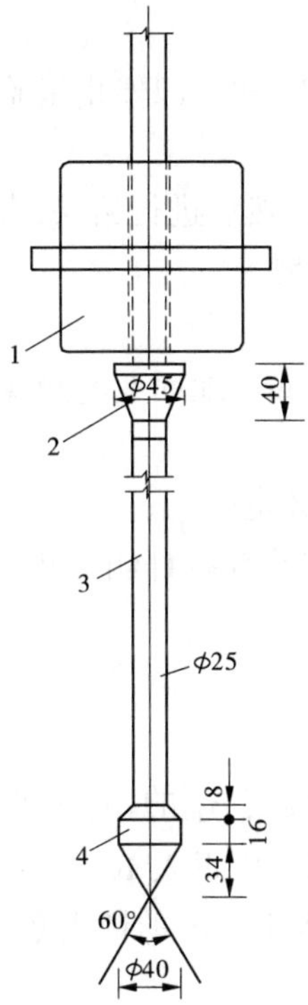


1—穿心锤;2—锤垫;3—触探杆;4—探头

图 5-13 轻型动力触探试验设备示意图

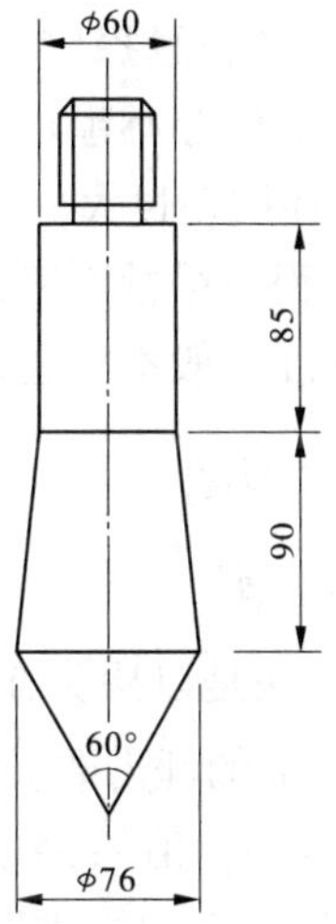


图 5-14 重型、超重型动力触探探头

(2)试验时,穿心锤落距为 0.50 m,使其自由下落,将探头垂直打入土中,记录每打入土层 0.30 m 时的锤击数 $N_{10}$(最初 0.30 m 可以不记)。

(3)试验过程中若需描述土层情况,可将触探杆拔出取下探头,换上轻便钻头或专用勺钻进行取样。

(4)如遇密实坚硬土层,当贯入 0.30 m 所需锤击数 $N_{10}$ 超过 100 击或贯入 0.15 m 超过 50 击时,即可停止试验。当需对下卧土层进行试验时,可用钻具穿透坚实土层后再贯入。

(5)试验一般用于贯入深度小于 4 m 的土层,贯入深度大于 4 m 时,可清孔后再继续贯入 2 m。

**(二)重型动力触探($N_{63.5}$)**

(1)试验前将触探架安装平稳,使触探保持垂直地进行。垂直度的最大偏差不得超过 2%。触探杆应保持平直,连接牢固。

(2)贯入时,应使穿心锤自由下落,落锤落距为(0.76 ±0.02)m。

(3)锤击速率宜控制在每分钟 15 ~30 击,打入过程应尽可能连续,所有超过 5 min 的间断都应在记录中予以注明。

(4)及时记录每贯入 0.10 m 所需的锤击数 $N_{63.5}$,也可记录每一阵击的贯入度,然后换算为每贯入 0.10 m 所需的锤击数。一般以 5 击为一阵击,土层松软时应少于 5 击。

(5)对于一般砂、圆砾和卵石,触探深度不宜超过 12 ~15 m,超过该深度时,需考虑触探杆的侧壁摩阻影响。

(6)每贯入 0.10 m 所需锤击数 $N_{63.5}$ 连续 3 次超过 50 击时,即停止试验。如需对土层继续进行试验,可改用超重型动力触探。

(7)本试验也可与钻探交替进行。一般可先进行贯入,然后进行钻探,直至动力触探所及深度以上 1 m 处,取出钻具将触探器放入孔内再进行贯入。

**(三)超重型动力触探($N_{120}$)**

(1)贯入时应使穿心锤自由下落,落距为(100 ±0.02)m。地面上的触探杆高度不宜过高,以免倾斜和摆动过大。

(2)贯入过程应尽量连续,锤击速率宜为每分钟 15 ~30 击。

(3)贯入深度一般不宜超过 20 m,超过该深度时,需考虑触探杆侧壁摩阻的影响。

## 四、计算与制图

**(一)锤击数 $N$**

轻型动力触探是以探头在土中贯入 30 cm 的锤击数确定 $N_{10}$ 的,$N_{10}$ 一般为试验时直接记录贯入 30 cm 的锤击数。而重型、超重型动力触探都是以贯入 10 cm 的锤击数来确定贯入击数 $N_{63.5}$、$N_{120}$ 值的,$N_{63.5}$、$N_{120}$ 可以为直接记录贯入 10 cm 的锤击数,也可由现场试验记录的一阵击贯入度和相应的锤击数按下式换算:

$$N_{63.5} = \frac{100}{e} \tag{5-22}$$

$$e = \frac{\Delta s}{n} \tag{5-23}$$

式中 $N_{63.5}$——重型动力触探每贯入 10 cm 的锤击数,超重型动力触探为 $N_{120}$;

$e$——每击贯入度,mm;

$\Delta s$——一阵击的贯入度,mm;

$n$——相应的一阵击锤击数;

100——单位换算系数。

**(二)杆长修正**

轻型动力触探试验触探深度浅,杆长较短,可不作杆长修正。重型动力触探杆长超过

2 m,超重型动力触探杆长超过 1 m 时,《岩土工程勘察规范》(GB 50021—2001)规定当确定碎石土的密实度时,锤击数应按下式修正:

$$N_{63.5} = \alpha_1 N'_{63.5} \tag{5-24}$$

$$N_{120} = \alpha_2 N'_{120} \tag{5-25}$$

式中 $N_{63.5}$、$N_{120}$——修正后的重型、超重型动力触探的锤击数;

$\alpha_1$——重型动力触探锤击数修正系数,按表 5-10 取值;

$\alpha_2$——超重型动力触探锤击数修正系数,按表 5-11 取值;

$N'_{63.5}$、$N'_{120}$——实测重型、超重型动力触探的锤击数。

**表 5-10 重型动力触探锤击数修正系数 $\alpha_1$**

| 杆长 L (m) | $N'_{63.5}$ | | | | | | | | |
|---|---|---|---|---|---|---|---|---|---|
| | 5 | 10 | 15 | 20 | 25 | 30 | 35 | 40 | ≥50 |
| 2 | 1.00 | 1.00 | 1.00 | 1.00 | 1.00 | 1.00 | 1.00 | 1.00 | |
| 4 | 0.96 | 0.95 | 0.93 | 0.92 | 0.90 | 0.89 | 0.87 | 0.86 | 0.84 |
| 6 | 0.93 | 0.90 | 0.88 | 0.85 | 0.83 | 0.81 | 0.79 | 0.78 | 0.75 |
| 8 | 0.90 | 0.86 | 0.83 | 0.80 | 0.77 | 0.75 | 0.73 | 0.71 | 0.67 |
| 10 | 0.88 | 0.83 | 0.79 | 0.75 | 0.72 | 0.69 | 0.67 | 0.64 | 0.61 |
| 12 | 0.85 | 0.79 | 0.75 | 0.70 | 0.67 | 0.64 | 0.61 | 0.59 | 0.55 |
| 14 | 0.82 | 0.76 | 0.71 | 0.66 | 0.62 | 0.58 | 0.56 | 0.53 | 0.50 |
| 16 | 0.79 | 0.73 | 0.67 | 0.62 | 0.57 | 0.54 | 0.51 | 0.48 | 0.45 |
| 18 | 0.77 | 0.70 | 0.63 | 0.57 | 0.53 | 0.49 | 0.46 | 0.43 | 0.40 |
| 20 | 0.75 | 0.67 | 0.59 | 0.53 | 0.48 | 0.44 | 0.41 | 0.39 | 0.36 |

**表 5-11 超重型动力触探锤击数修正系数 $\alpha_2$**

| 杆长 L (m) | $N'_{120}$ | | | | | | | | | | | |
|---|---|---|---|---|---|---|---|---|---|---|---|---|
| | 1 | 3 | 5 | 7 | 9 | 10 | 15 | 20 | 25 | 30 | 35 | 40 |
| 1 | 1.00 | 1.00 | 1.00 | 1.00 | 1.00 | 1.00 | 1.00 | 1.00 | 1.00 | 1.00 | 1.00 | 1.00 |
| 2 | 0.96 | 0.92 | 0.91 | 0.90 | 0.90 | 0.90 | 0.90 | 0.89 | 0.89 | 0.88 | 0.88 | 0.88 |
| 3 | 0.94 | 0.88 | 0.86 | 0.85 | 0.84 | 0.84 | 0.84 | 0.83 | 0.82 | 0.82 | 0.81 | 0.81 |
| 5 | 0.92 | 0.82 | 0.79 | 0.78 | 0.77 | 0.77 | 0.76 | 0.75 | 0.74 | 0.73 | 0.72 | 0.72 |
| 7 | 0.90 | 0.78 | 0.75 | 0.74 | 0.73 | 0.72 | 0.71 | 0.70 | 0.68 | 0.68 | 0.67 | 0.66 |
| 9 | 0.88 | 0.75 | 0.72 | 0.70 | 0.69 | 0.68 | 0.67 | 0.66 | 0.64 | 0.63 | 0.62 | 0.62 |
| 11 | 0.87 | 0.73 | 0.69 | 0.67 | 0.66 | 0.66 | 0.64 | 0.62 | 0.61 | 0.60 | 0.59 | 0.53 |
| 13 | 0.86 | 0.71 | 0.67 | 0.65 | 0.64 | 0.63 | 0.61 | 0.60 | 0.58 | 0.57 | 0.56 | 0.55 |
| 15 | 0.84 | 0.69 | 0.65 | 0.63 | 0.62 | 0.61 | 0.59 | 0.58 | 0.56 | 0.55 | 0.54 | 0.53 |
| 17 | 0.85 | 0.68 | 0.63 | 0.61 | 0.60 | 0.60 | 0.57 | 0.56 | 0.54 | 0.53 | 0.52 | 0.50 |
| 19 | 0.84 | 0.66 | 0.62 | 0.60 | 0.58 | 0.58 | 0.56 | 0.54 | 0.52 | 0.51 | 0.50 | 0.48 |

**(三)计算动力贯入阻力 $q_d$**

动力贯入阻力计算公式按《土工试验规程》(SL 237—1999)规范推荐的计算公式:

$$q_d = \frac{Q^2}{(Q+q)}\frac{H}{Ae} \times 1\ 000 \tag{5-26}$$

式中 $q_d$——动贯入阻力,kPa;

$Q$——落锤重,kN;

$q$——触探器,即被打入部分(包括探头、触探杆、锤座和导向杆)的总重量,kN;

$H$——落距,m;

$A$——探头截面面积,$m^2$;

$e$——每击贯入量,mm;

1 000——单位换算系数。

**(四)动力触探曲线**

用修正后的锤击数或动力贯入阻力绘制成随触探深度变化的关系曲线,如图 5-15 所示。当计算单孔分层贯入指标平均值时,应剔除超前和滞后影响范围内及个别指标的异常值。

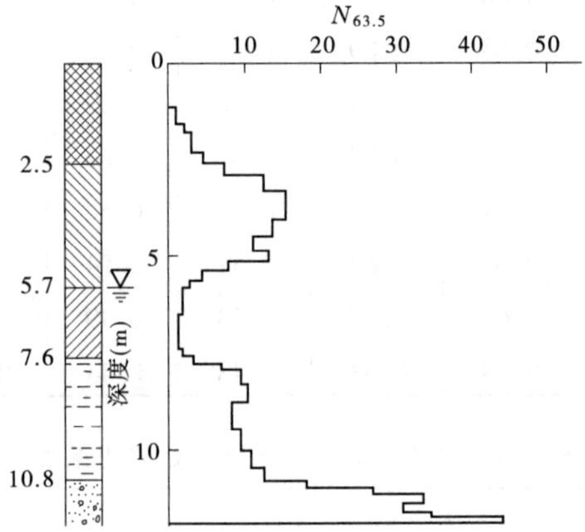


**图 5-15 动力触探曲线**

## 五、试验记录

试验记录见表 5-12。

**表 5-12 重型、超重型动力触探试验记录**

工程名称________ 试验编号________ 孔 号________ 孔口标高________

地下水位________ 探杆直径________ 探杆质量________ 锤座质量________

试 验 者________ 计 算 者________ 校 核 者________ 试验日期________

| 触探杆总长(m) | 触探深度(m) | 一阵锤击数 | 贯入度(mm) | 每贯入 0.1 m 锤击数 | 小层累计贯入度(mm) | 小层平均锤击数 | 说明 |
|---|---|---|---|---|---|---|---|
| | | | | | | | |
| | | | | | | | |
| | | | | | | | |
| | | | | | | | |

# 第六节　载荷试验

## 一、概述

（1）载荷试验原理是用一块承压板代替基础，在其上施加荷载，观测荷载与承压板沉降的关系，目的是确定地基承载力特征值和地基土的变形模量。

（2）地基承载力特征值是指由载荷试验测定的地基所受压力与变形关系曲线上，线性变形段内规定的变形所对应的压力值，其最大值为比例界限值。

（3）试验方法有平板载荷试验（适用于浅层地基土）、螺旋板载荷试验（适用于深层地基土或地下水位以下的地基土）。

## 二、平板载荷试验

### （一）仪器设备

（1）承压板：一般采用圆形或正方形的刚性板，面积不应小于 0.25 $m^2$，软土不应小于 0.5 $m^2$。

（2）加荷系统：是指通过承压板对地基土施加额定荷载的装置，常见的平板加荷装置有重物加荷和千斤顶加荷两种，如图 5-16 所示。加荷装置的出力误差不得小于全量程的 1%，安全过负荷率应大于 120%。

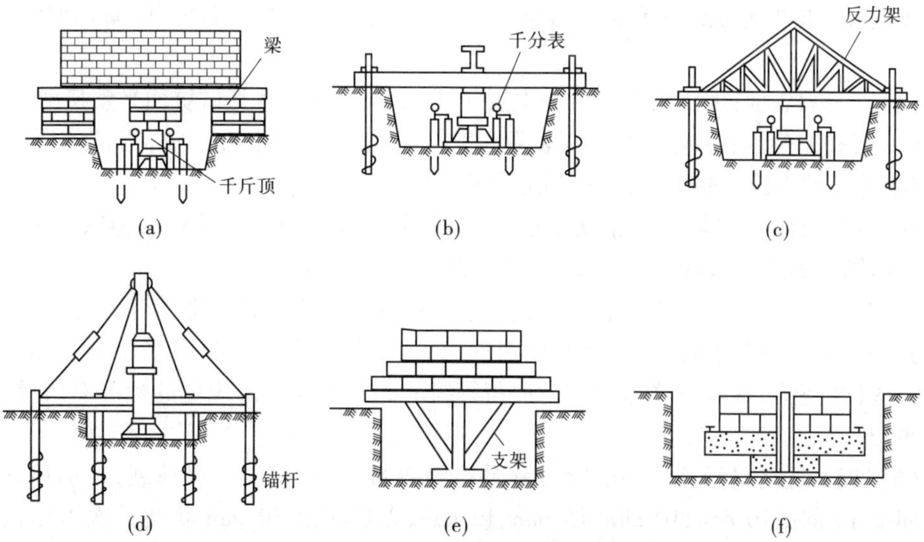


图 5-16　常见的平板载荷试验加荷系统示意图

（3）反力系统：除重物加荷装置外，其他加荷装置均需反力装置配套。载荷试验常用的反力系统为地锚式，当荷载试验深度较大时，反力系统可采用撑壁式，如图 5-17 所示。

（4）沉降观测系统：用于测定地基土沉降和承压板周围地面变形的，该系统由观测支架和观测仪表两部分组成。观测支架用来固定测量仪表，它由小钢钎、角铁、联系支架等组成；观测仪表有位移百分表或位移传感器等，相应分度值为 0.01 mm。

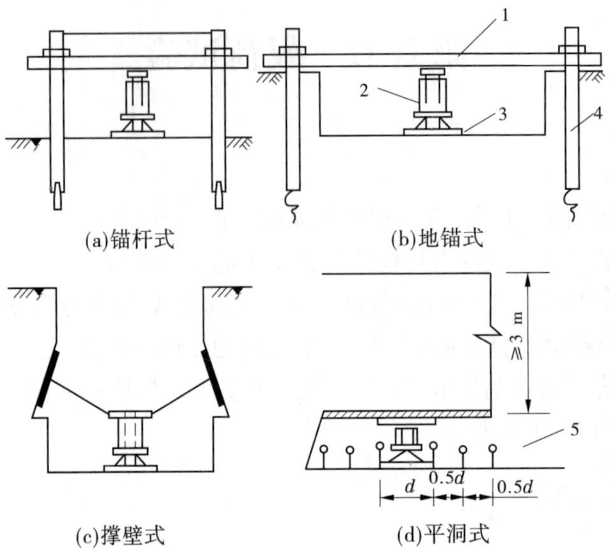


1—钢梁;2—加荷千斤顶;3—承压板;4—地锚;5—量测仪表

**图 5-17　载荷试验反压式装置示意图**

**(二)操作步骤**

(1)开挖试坑:试坑应布置在有代表性的地点,每个场地不宜少于 3 个。试坑的深度一般为基础底面标高处,底面宽度不小于承压板直径(或宽度)的 3 倍。开挖时应注意保持坑底试验土层的原状结构和天然湿度,宜在试坑表面用厚度不超过 20 mm 粗砂或中砂层找平。

(2)安装承压板:承压板应尽量一次置于试坑中心,并使其与试坑面平整接触。

(3)安装加荷装置:应确保加荷装置构架中心与承压板中心一致,当调整反力构架时,应避免对承压板施加压力,使地基土受到预压。

(4)安装沉降观测装置:沉降观测点应对称设置,位移百分表或位移传感器应固定在不受变形影响的位置,以便测量承压板受荷载作用后的沉降量。

(5)加荷方式:载荷试验的加荷方式一般采用分级维持荷载沉降相对稳定法(常规慢速法);当仅确定地基承载力,并有对比资料(即当地经验资料)时,可采用分级加荷沉降非稳定法(快速法)或等沉降速率法。加荷等级的确定不同规范规定的标准有所差别,详见表 5-13。

(6)试验方法:对慢速法的试验过程是逐级等量加荷,每加一级荷载,自加荷开始按时间间隔 10 min、10 min、10 min、15 min、15 min,以后每隔 30 min 测读一次承压板沉降量,直至沉降达到沉降稳定标准后,再施加下一级荷载。但不同的设计规范规定的沉降稳定标准不尽相同,详见表 5-13。

(7)观测记录:按规定逐级加荷,记录百分表读数,随时绘制 $p$—$s$ 曲线图,一般当加荷达到五级或已能定出比例界限点后,应注意观察地基土产生的塑性变形使承压板周围地面出现裂纹和土体侧向挤出的情况,记录并描绘地面裂纹的形状(是放射状还是环状,长短粗细等)及出现时间等。

**表 5-13　平板载荷试验(慢速法)的技术要点**

| 要点 | 标准名称 | |
|---|---|---|
| | 国家标准《建筑地基基础设计规范》(GB 50007—2011)、《岩土工程勘察规范》(GB 50021—2001)(2009 版) | 水利部标准《土工试验规程》(SL 237—1999) |
| 承压板面积 | 不小于 0.25 $m^2$,对于软土和粒径较大的填土不应小于 0.5 $m^2$ | 面积不应小于 0.1 $m^2$ 的圆形或正方形板 |
| 荷载分级 | 荷载增量等级不小于 8 级,试验最大荷载不应小于设计要求的 2 倍 | 荷载增量一般取试验土层极限荷载的 1/8 ~ 1/10,当不易预估其极限荷载时,可按下列经验数据选用:<br>(1)淤泥、流塑状黏质土、饱和或松散的粉细砂取≤15 kPa;<br>(2)软塑状黏质土、疏松的黄土、稍密的粉细砂取 15 ~ 25 kPa;<br>(3)可塑 - 硬塑状黏质土、一般黄土、中密 - 密实的粉细砂取 25 ~ 100 kPa;<br>(4)坚硬的黏质土、中粗砂、碎石类土、软质岩石取 50 ~ 200 kPa |
| 沉降稳定标准 | 当连续 2 h 内,每小时的沉降量小于 0.1 mm时,认为已趋稳定 | 最后 1 h 的沉降量不大于 0.1 mm |
| 试验终止条件 | 出现下列情况之一时,即可终止加荷:<br>(1)承压板周围的土明显的侧向挤出;<br>(2)沉降急骤增大,$p$—$s$ 曲线出现陡降段。GB 50021—2001(2009 版)规定:本级荷载的沉降量大于前级荷载沉降量的 5 倍,荷载与沉降曲线出现明显陡降;<br>(3)在某一级荷载下,24 h 内沉降速率不能达到稳定;<br>(4)沉降量与承压板宽度或直径之比大于或等于 0.06 | 出现下列情况之一时,即可终止加荷:<br>(1)沉降急剧增加,承压板周围出现裂缝和隆起;<br>(2)持续 24 h 沉降速率加速或近似等速发展;<br>(3)总沉降量超过承压板直径或宽度的 1/12;<br>(4)当荷载不能达到极限荷载时,最大压力应达预期设计压力的 2.0 倍或超过第一拐点至少三级荷载 |

(8)试验终止条件:一般应尽可能进行到试验土层达到破坏阶段为止,但不同规范规定的具体条件有所差别,见表 5-13。

### (三)计算和制图

1. 绘图

对原始数据检查、校核后,以荷载 $p$ 为横坐标,沉降量 $s$ 为纵坐标,绘制 $p$—$s$ 曲线,如图 5-18 所示。

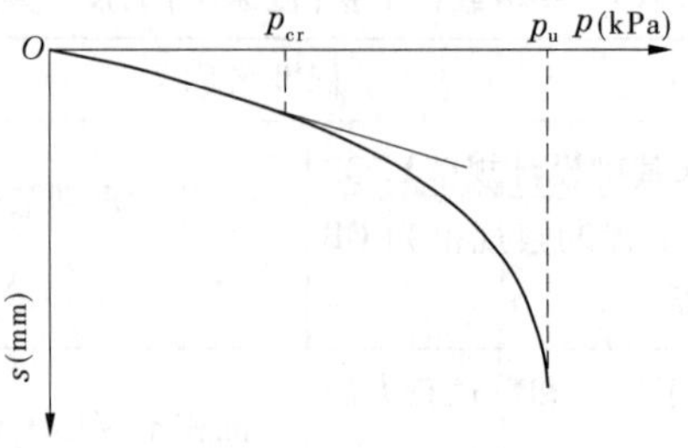


图 5-18　典型 $p$—$s$ 曲线

2. 确定地基承载力特征值

(1)当 $p$—$s$ 曲线上有比例界限时,取该比例界限所对应的荷载值。

(2)当极限荷载小于对应比例界限的荷载值 2 倍时,取极限荷载值的一半。

(3)若不能按上述二点要求确定,当压板面积为 0.25 ~ 0.50 $m^2$ 时,可取 $s/b = 0.01 \sim 0.015$ 所对应的荷载,但其值不应大于最大加载量的一半。

(4)同一土层参加统计的试验点不应少于三点,当试验实测值的极差不超过其平均值的 30% 时,取此平均值作为该土层的地基承载力特征值。

3. 计算地基土的变形模量

按下式计算地基土的变形模量 $E_0$:

承压板为圆形　　$E_0 = 0.785(1 - \mu^2)dp/s$　　(5-27)

承压板为方形　　$E_0 = 0.886(1 - \mu^2)ap/s$　　(5-28)

式中　$p$——承压板施加的压力,kPa;

$s$——对应于承压板施加压力的沉降量,mm;

$d$——承压板的直径,cm;

$a$——承压板的边长,cm;

$\mu$——地基土的泊松比(碎石土取 0.27,砂土取 0.30,粉土取 0.35,粉质黏土取 0.38,黏土取 0.42)。

**(四)试验记录**

试验记录见表 5-14。

**表 5-14　载荷试验记录**

工程名称________　试验地点________　试验深度________　土层性状________

承压板面积__________　试验方法__________　试验日期__________

试　验　者__________　计　算　者__________　校　核　者__________

| 加荷时间 | 读数时间 | 荷载(kPa) | 沉降量(mm) | | | | | | | | 平均沉降量(mm) | 累计沉降量(mm) | 说明 |
|---|---|---|---|---|---|---|---|---|---|---|---|---|---|
| | | | A | | B | | C | | D | | | | |
| | | | 读数 | 沉降 | 读数 | 沉降 | 读数 | 沉降 | 读数 | 沉降 | | | |
| | | | | | | | | | | | | | |
| | | | | | | | | | | | | | |
| | | | | | | | | | | | | | |
| | | | | | | | | | | | | | |

## 三、螺旋板载荷试验

### (一)仪器设备

(1)螺旋承压板:采用直径为0.8 m的刚性板,注意紧靠承压板周围外的土层高度应不小于80 cm。

(2)加荷装置:包括压力源和反力构架,如图5-19所示。

(3)沉降观测装置:与平板载荷试验相同。

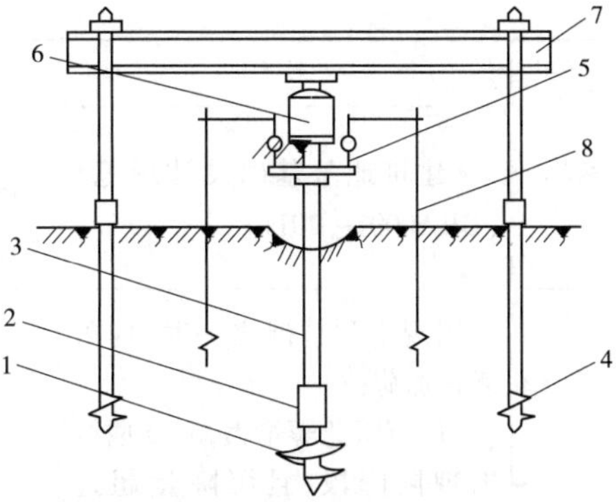


1—螺旋承压板;2—测力传感器;3—传力杆;4—反力地锚;5—位移计;6—油压千斤顶;7—反力钢梁;8—位移固定锚

**图5-19 螺旋板载荷试验装置示意图**

### (二)操作步骤

(1)准备工作:平整试验场地,设置反力装置及位移计的固定地锚。

(2)放置承压板:将螺旋承压板旋钻至预定的土层深度,旋钻时应注意控制每旋转一周钻进一螺距,减小对土体的扰动。

(3)安装加荷千斤顶:其中心应与螺旋承压板中心一致,安装位移百分表,调整对零。

(4)加荷方式:有应力控制法和应变控制法两类。应力控制法就是常规慢速试验法,试验方法与平板载荷试验相同,但不同规范规定的荷载分级标准有所差别,详见表5-15。应变控制法也称等沉降速率法,试验时控制沉降速率为常数,每隔30 s等间距测读压力数据一次,直至土层破坏。

**表5-15 螺旋板载荷试验技术要点**

| 要点 | 标准名称 | | |
|---|---|---|---|
| | 《建筑地基基础设计规范》(GB 50007—2011) | 《岩土工程勘察规范》(GB 50021—2001)(2009版) | 水利部标准《土工试验规程》(SL 237—1999) |
| 荷载分级 | 用应力控制法,按预估极限承载力的1/10~1/15等量分级加荷 | 用应力控制法,加荷等级宜取10~12级,不应小于8级,试验最大荷载不应小于设计要求的2倍 | (1)采用应力控制法时,与平板时载荷试验相同;<br>(2)采用应变控制法时,应连续加荷,控制沉降速度为0.25~2.0 mm/min |
| 沉降稳定标准 | 当连续2 h内,每小时的沉降量小于0.1 mm时,认为已趋稳定 | 当连续2 h内,每小时的沉降量小于0.1 mm时,认为已趋稳定 | 最后1 h的沉降量不大于0.1 mm |

续表 5-15

| 要点 | 标准名称 | | |
|---|---|---|---|
| | 《建筑地基基础设计规范》(GB 50007—2011) | 《岩土工程勘察规范》(GB 50021—2001)(2009 版) | 水利部标准《土工试验规程》(SL 237—1999) |
| 试验终止条件 | 出现下列情况之一时,即可终止加荷:<br>(1)沉降急骤增大,$p$—$s$ 曲线出现陡降段,且沉降量超过 $0.04d$($d$ 为承压板直径);<br>(2)在某一级荷载下,24 h 内沉降速率不能达到稳定;<br>(3)本级荷载的沉降量大于前级荷载沉降量的 5 倍;<br>(4)当持力层土层坚硬,沉降量很小,最大加载量不小于设计要求的 2 倍 | 与平板载荷试验相同 | 试验至土体破坏 |
| 确定承载力特征值 | (1)满足前三条终止加荷条件之一时,其对应的前一级荷载定为极限荷载,当该值小于对应比例界限的荷载值的 2 倍时,取极限荷载值的一半;<br>(2)其余条件与平板载荷试验相同 | 与平板载荷试验相同 | (1)原位有效自重压力 $p_0$:取 $p$—$s$ 曲线的直线段与 $p$ 轴的交点;<br>(2)临塑压力 $p_f$:取相应于 $p$—$s$ 曲线的直线段终点的压力;<br>(3)极限压力 $p_1$:取相应于 $p$—$s$ 曲线末尾直线段起点的压力 |

(5)试验终止条件:不同规范规定的试验终止条件见表 5-15。

**(三)计算和制图**

1. 绘图

以荷载 $p$ 为横坐标,沉降量 $s$ 为纵坐标,绘制 $p$—$s$ 曲线,如图 5-20 所示。当需通过螺旋板载荷试验确定地基土的固结系数时,尚应绘制各级荷载下的 $S$—$\sqrt{t}$ 关系曲线。

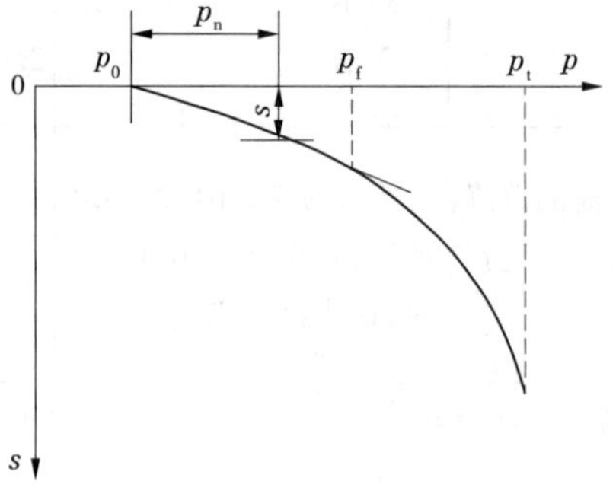


图 5-20　$p$—$s$ 曲线

2. 确定地基承载力特征值

不同规范规定的承载力特征值的确定方法见表 5-15。

3. 计算地基土的变形模量

（1）《岩土工程勘察规范》（GB 50021—2001）（2009 版）推荐的变形模量 $E_0$ 计算公式为

$$E_0 = \omega \frac{pd}{s} \tag{5-29}$$

式中 $p$——$p$—$s$ 曲线线性段的压力，kPa；

$s$——与 $p$ 对应的沉降量，mm；

$d$——承压板的直径或边长，m；

$\omega$——与试验深度和土类有关的系数，可按表 5-16 选用。

表 5-16 深层载荷试验计算系数 $\omega$

| $d/z$ | 土类 | | | | |
|---|---|---|---|---|---|
| | 碎石土 | 砂土 | 粉土 | 粉质黏土 | 黏土 |
| 0.30 | 0.477 | 0.489 | 0.490 | 0.515 | 0.524 |
| 0.25 | 0.469 | 0.480 | 0.482 | 0.506 | 0.514 |
| 0.20 | 0.460 | 0.471 | 0.474 | 0.497 | 0.505 |
| 0.15 | 0.444 | 0.454 | 0.457 | 0.479 | 0.487 |
| 0.10 | 0.435 | 0.446 | 0.448 | 0.470 | 0.478 |
| 0.05 | 0.427 | 0.437 | 0.439 | 0.461 | 0.468 |
| 0.01 | 0.418 | 0.429 | 0.431 | 0.452 | 0.459 |

**注**：$d/z$ 为承压板直径和承压板底面深度之比。

（2）《土工试验规程》（SL 237—1999）推荐的变形模量 $E_{sc}$ 计算公式为

$$E_{sc} = mp_a\left(\frac{p}{p_a}\right)^{1-a} \tag{5-30}$$

根据 $p$—$s$ 曲线可以求得变形模量系数 $m$：

$$m = \frac{A}{s}\frac{p - p_0}{p_a}D = \frac{A}{s}\frac{p_n}{p_a}D \tag{5-31}$$

式中 $E_{sc}$——螺旋板试验土的变形模量，kPa；

$p$——施加的压力值，取 $p$—$s$ 曲线直线段内任一压力值，kPa；

$p_n$——施加的压力值与原位有效自重压力的差值，kPa；

$p_0$——原位有效自重压力，kPa；

$p_a$——标准压力，等于 100 kPa；

$s$——与 $p$ 对应的沉降量，cm；

$D$——螺旋承压板的直径，cm；

$A$——无量纲沉降系数，与 $p_0$、$p_n$ 有关，可查图 5-21；

$a$——应力指数，超固结饱和土取 1，砂与粉土取 1/2，正常固结饱和黏土取 $a = 0$；

$m$——变形模量系数，对正常饱和黏土一般为 5 ~ 50。

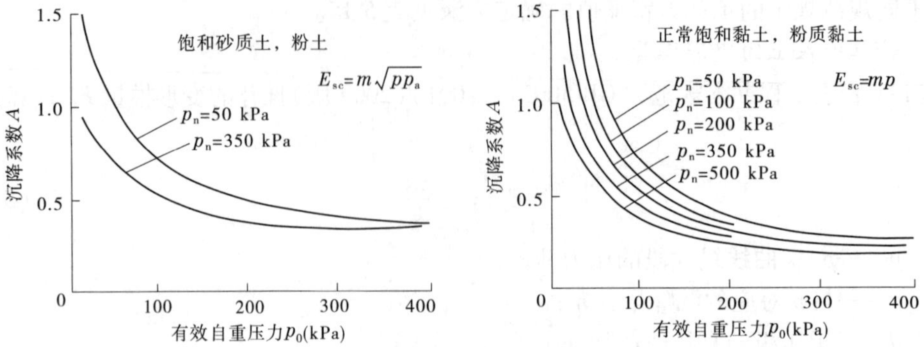


**图 5-21 沉降系数 $A$ 值**

**（四）试验记录**

试验记录见表 5-14。

# 第七节 旁压试验

## 一、概述

（1）旁压试验又称横压试验，它分为预钻式旁压试验和自钻式旁压试验两种。预钻式是在预先钻好的钻孔内放入一个可以扩张的圆柱形旁压器；自钻式是用自钻钻头钻进，将旁压器放入预定位置，然后利用旁压器的侧胀对钻孔壁施加横向均匀应力，使孔壁土体发生径向变形直至破坏，并利用量测仪器测得压力与钻孔体积增量（或径向变形）之间的关系，根据这种关系可确定地基中的初始水平压力 $p_0$、临塑压力 $p_f$ 和极限压力 $p_l$ 等特征值，从而对地基土的承载力、变形性质进行评价。此外，自钻式旁压试验还可用于测求土的静止侧压力系数 $K_0$、孔隙压力和消散特征以及估算土的不排水强度等。

（2）旁压试验适用于黏性土、粉土、砂土、碎石土、残积土、极软岩石和软岩等。

## 二、仪器设备

旁压试验设备主要由旁压器（也称探头）、加压稳压装置、变形量测装置和管路几部分组成，如图 5-22 所示。

（1）旁压器：是对土体施加压力的部分，分三腔式和单腔式两种。预钻式一般采用三腔式，中腔为测试腔，上、下腔为辅助腔。上、下腔用金属管连通，并与中腔严密隔离。自钻式一般为单腔。旁压器呈圆柱形，外套有密封的弹性膜，弹性膜外按需要还可加装一层可扩张的金属保护套（铠装保护）。旁压器中央的管子为导水管，用以排除旁压器下面的水和空气，以便将旁压器顺利地放到测试位置。其规格如表 5-17 所列。

（2）加压稳压装置：基本功能是给旁压器加压并保持压力稳定，它包括压力源（可用高压氮气瓶，低压时也可用打气筒打气）、加压稳压调节阀和压力表。其量程和准确度见表 5-17。

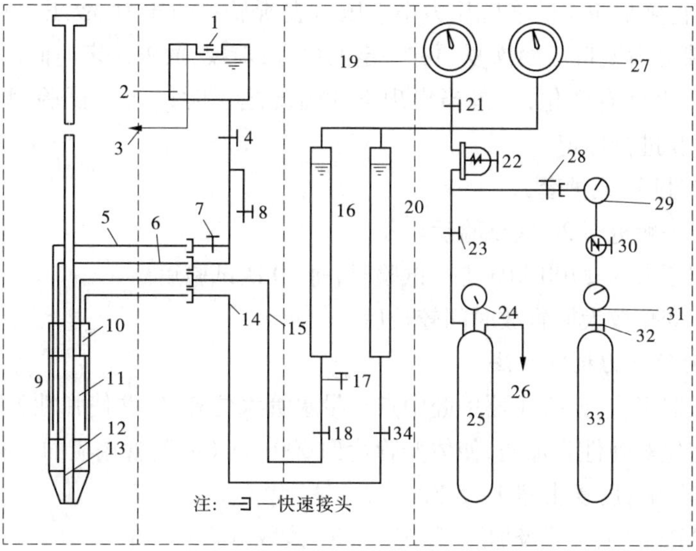


1—安全阀；2—水箱；3—水箱加压；4—注水阀；5、6—注水管；7—中腔注水；8—排水阀；9—旁压器；10—上腔；11—中腔；12—下腔；13—导水管；14、15—导压管；16—测管；17—调零阀；18—测压阀；19—低压力表；20—辅管；21—低压力阀；22—调压器；23—手动加压阀；24—中压力表；25—储气罐；26—手动加压；27—中压力表；28—氮气加压阀；29—中压表；30—减压阀；31—高压力表；32—氮气源阀；33—高压氮气源；34—辅管阀

**图 5-22　旁压仪结构框图**

**表 5-17　旁压仪规格**

| 旁压器 | | | | 体变管 | | 压力 | | 测管截面面积（$cm^2$） |
|---|---|---|---|---|---|---|---|---|
| 外径（mm） | 中腔长度（mm） | 总长度（mm） | $\frac{总长度}{外径}$ | 量程（$cm^3$） | 准确度（%） | 量程（MPa） | 准确度（%） | |
| 44～90 | 200～250 | 450～980 | 4～10 | 0～600 | 1.5 | 0～4.0 | 1.5 | 13.2～34.5 |

（3）变形量测装置：主要功能是向旁压器注水并量测进入旁压器的水量，经过一定的转换，确定钻孔周围土体的变形。一般由体变管（测管）或液位仪及辅管组成，其量程和准确度见表 5-17。也可采用横向变形传感器直接测出径向变形。

（4）导管：为尼龙软管，连接旁压器中腔与体变管相通，连接上、下腔与辅管相通。

（5）成孔的钻探设备。

## 三、旁压仪校准

正式试验前，对新旁压仪应进行弹性膜（包括铠装护套）的约束力校准和仪器综合变形校准。

### （一）弹性膜的约束力校准

#### 1. 弹性膜的约束力校准的目的和要求

弹性膜的约束力校准是指在旁压器膨胀时，为了克服橡胶膜的约束力，需要消耗一定的压力，这就使得施加于土的实际压力小于压力表所显示的压力，故压力必须进行标定。用橡胶制成的膜受力变形后的恢复须有一定的过程，新模、放置一定时间后的膜和连续使用的模其约束力也会有变化，于是当出现下述情况之一时，《土工试验规程》（SL 237—1999）规定应对膜进行标定。

（1）更新弹性膜（或护套）。

（2）弹性膜一般进行20次试验后。

（3）对临塑压力 $p_f \leqslant 100$ kPa 土中试验时，每10次试验后。

（4）当气温变化较大或置放时间较长后。

2. 弹性膜的约束力校准方法

（1）将旁压器竖直，使旁压器中腔中点与量水管水位齐平，并使弹性膜能自由膨胀。

（2）校正前先对弹性膜加压，使体变管达到600 $cm^3$（或测管相应的下降值）时的膨胀量，再退压使其收缩，反复胀缩4～5次。

（3）用10 kPa的压力等级加压，稳定3 min，读取测管水位值。

（4）逐级加压使测压管水位下降至接近最大值时立即停止试验。

（5）绘制压力（弹性膜约束力）—测管水位下降值关系曲线，如图5-23所示，称为弹性膜约束力校准曲线。

根据试验资料中每级压力下测管水位稳定下降值，从约束力校正曲线上查出约束力校正值。总压力减去约束力校正值即为作用于土的真实压力。

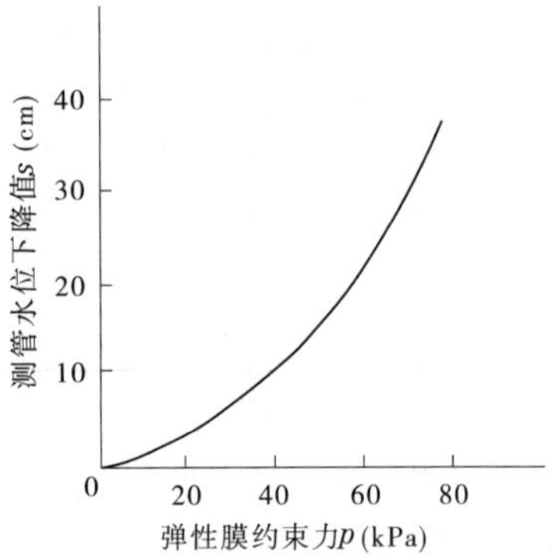

图5-23　弹性膜约束力校准曲线

### （二）仪器综合变形校准

1. 仪器综合变形校准的目的和要求

仪器综合变形校准是指在压力作用下，连接各控制单元和旁压器的管路会产生膨胀，而橡胶膜和水也会被压缩，这些将造成变形测量系统体积的损失，故要对变形进行标定。《土工试验规程》（SL 237—1999）规定对新启用的连接管路、长度发生变化时的管路和更新变形传感器时，需进行综合变形校准。

2. 综合变形校准方法

（1）将旁压器放入一个内径比旁压器外径略大，长度比旁压器长20 cm以上的校验管（用有机玻璃或钢管制作的专用设备）内，使旁压器受到径向限制。

（2）在侧限条件下，对旁压器进行逐级加压，加压等级为100 kPa。按与正式试验一致的观测时间，测读各级压力下量测管的水位下降值。一般加压至800 kPa终止试验。

（3）绘制压力 $p$ 和量测管水位下降值 $s$ 的关系曲线，如图5-24所示，曲线的斜率 $\eta = \dfrac{\Delta s}{\Delta p}$ 为仪器的综合变形校准系数。该系数乘各级总压力后即得各级总压力下仪器综合变形校正值。

## 四、操作步骤

### (一)预钻旁压试验

(1)试验前应平整试验场地,试验孔应选在与已有钻孔的水平距离不小于1 m处。根据试验场地土的类别和状态选择适宜的钻头成孔。成孔质量是预钻式旁压试验成败的关键,成孔质量差,会使旁压曲线反常失真,无法应用。为保证成孔质量,要求孔壁应垂直、光滑、呈完整的圆形,尽可能减少孔壁土体扰动。

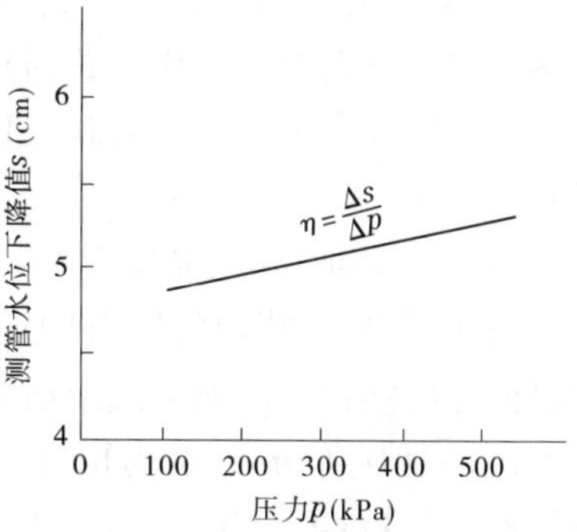


图 5-24　仪器综合变形校准曲线

(2)钻孔时,若遇松散砂层和软土地层(易发生缩孔、坍塌),须用泥浆护壁钻进。钻孔孔径应略大于旁压器外径2~6 mm。

(3)旁压试验点的竖向布置,应在了解地层剖面的基础上进行,最好先做静力触探或动力触探或标准贯入试验,以便能合理地在有代表性的位置上布置试验。试验点的布置原则为:必须保证旁压器上、中、下三腔都在同一土层中。试验点垂直间距一般不小于1 m,每层土不少于$l$个测点。层厚大于3 m的土层,一般不少于2个测点,亦可视工程需要确定测点位置和数量。取完土样或做过标贯试验的部位不得进行旁压试验。

(4)试验前在水箱内注满蒸馏水或无杂质的冷开水,为避免偶然操作失误,使试验高压进入水箱,引起胀裂,在试验过程中要将水箱安全阀一直打开。

(5)检查并接通管路,把旁压器的注水管和导压管的快速接头对号插入。

(6)把旁压器竖立于地面,打开水箱至测管、辅管管路上的所有阀门,使水从水箱分别注入旁压器的各个腔室,直到测管和辅管。为了加快注水和排气速度,可向水箱内稍加压力,并按逆时针方向拧松调压阀,使调压阀起排气阀的作用,直通大气。同时不停地拍打尼龙管并摇晃旁压器,促使滞留在旁压器和管路中的气泡尽快排除。

当测管和辅管水位升到刻度零或稍高于零时,即可关闭注水阀和中腔注水阀,终止注水。

(7)调零:把旁压器垂直举起,使中腔的中点与测管零位刻度齐平,打开调零阀,密切注意水位的变化,当水位下降到零刻度时,立即关闭调零阀、测管阀和辅管阀,然后放下旁压器。

(8)将旁压器放入钻孔中预定的试验深度,其深度以中腔中点为准。打开测管阀和辅管阀。此时旁压器内产生静水压力$p_w$,是旁压器中腔中点至测管水面间产生的水柱压力,按式(5-32)计算并测记测管水位下降值:

$$p_w = (H + z)\gamma_w \tag{5-32}$$

式中　$p_w$——静水压力,kPa;

$H$——测管水面至地面的高度,m;

$z$——地面至旁压器中腔中点距离,m;

$\gamma_w$——水的重度,9.8 kN/m$^3$。

静水压力实际上为第一级压力,开始加压试验。

(9)用高压氮气源加压时,接上氮气加压装置导管(手动加压装置则应关闭),把减压阀按逆时针方向拧到最松位置,打开气源阀,按顺时针方向调节减压阀,使高压降低到比所需最高试验压力大 100 ~ 200 kPa,然后缓慢地按顺时针方向调节调压阀并调到所需的试验压力。

(10)手动加压时,先接上打气筒,关闭氮气加压阀,打开手动加压阀,用打气筒向储气罐加压,使储气罐内的压力增加到比所用最高试验压力大 100 ~ 200 kPa 以上,然后按顺时针方向缓慢旋转调节阀至所需的试验压力。

(11)加压等级:一般为预计极限压力的 1/8 ~ 1/12,也可参照表 5-18 所列的《岩土工程勘察规范》(GB 50021—2001)(2009 版)和《土工试验规程》(SL 237—1999)给出的压力等级值。

**表 5-18　试验加压等级**

| 土的工程特性 | 加压等级(kPa) | |
|---|---|---|
| | 临塑压力前 | 临塑压力后 |
| 淤泥、淤泥质土,流塑黏性土,粉土,饱和或松散的粉细砂 | ≤15 | ≤30 |
| 软塑黏性土,粉土,疏松黄土,稍密很湿粉细砂,稍密中、粗砂 | 15 ~ 25 | 30 ~ 50 |
| 可塑 - 硬塑黏性土和粉土,一般黄土,中密 - 密实很湿的粉细砂,稍密 - 中密的中、粗砂 | 25 ~ 50 | 50 ~ 100 |
| 坚硬黏性土和粉土,密实中、粗砂 | 50 ~ 100 | 100 ~ 200 |
| 中密 - 密实碎石土、软质岩 | ≥100 | ≥200 |

(12)加荷稳定时间:每级压力应维持 1 ~ 3 min 后再施加下一级压力,维持 1 min 稳定时间标准时,加荷后 15 s、30 s、60 s 测记测管的水位下降值;维持 2 min 稳定时间标准时,加荷后 15 s、30 s、60 s、120 s 测记水位下降值;维持 3 min 时,加荷后 1 min、2 min、3 min测记水位下降值。在操作和读数熟练的情况下,尽可能采用短的加荷时间。

(13)在任何情况下,当测试腔的扩张体积相当于测试腔的固有体积时,或压力达到仪器的容许最大压力时,应立即终止试验。

(14)试验结束后,应使弹性膜恢复原状。取出旁压器后,要仔细检查、擦洗、装箱。

**(二)自钻旁压试验**

(1)自钻旁压试验的试验点布置原则与预钻式的规定相同。

(2)在所选定的试验点上,安装自钻旁压仪。利用自动切削装置切碎土体,用循环冲洗液将切碎的土屑输送到地面。同时将旁压器置放于所需试验的位置。

(3)利用液压或气压采用与预钻式相同的规定进行加压,并测记测管水位或传感器的输出值。

(4)试验结束后,同样也将弹性膜恢复原状,取出旁压器。

## 五、计算和制图

(1)校正压力计算:

校正压力 $$p = p_m + p_w - p_i \tag{5-33}$$

式中 $p$——校正后的压力，kPa；

$p_m$——压力表读数，kPa；

$p_w$——静水压力，kPa；

$p_i$——弹性膜约束力，kPa，查弹性膜约束力校正曲线。

(2)体积变形校正计算：

校正变形量： $$V = SA \tag{5-34}$$

$$S = S_m - \eta(p_m + p_w) \tag{5-35}$$

式中 $V$——校正后的体变量，$cm^3$；

$S$——校正后的量测管水位下降值，cm；

$A$——量测管截面面积，$cm^2$；

$S_m$——量测管水位下降值，cm；

$\eta$——仪器综合变形校正系数，cm/kPa。

(3)绘制旁压曲线。

用校正后的压力 $p$ 为横坐标(作图比例一般以 1 cm 代表 100 kPa)，校正后的体变 $V$ 为纵坐标(作图比例一般以 1 cm 代表 100 $cm^3$)，绘制 $p$—$V$ 曲线，称旁压曲线，如图 5-25 所示。还可根据具体情况选择其他比例标准。

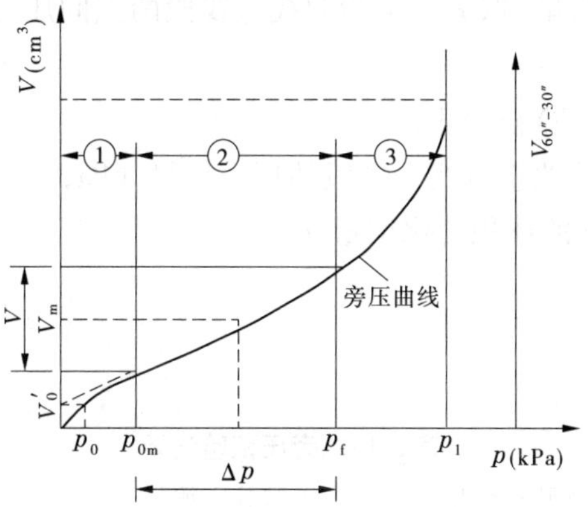


**图 5-25 旁压曲线**

(4)从绘制的 $p$—$V$ 曲线上，确定三个压力特征值 $p_0$、$p_f$、$p_1$。

①确定原位水平压力 $p_0$。将旁压曲线直线段延长与纵坐标相交，交点为 $V_0$，由 $V_0$ 作与 $p$ 轴平行线相交于曲线上的一点，该点对应的压力即为原位水平土压力 $p_0$ 值。

②确定临塑压力 $p_f$。取旁压曲线直线段的终点，即曲线与直线段的第 2 个切点所对应的压力即为临塑压力 $p_f$ 值。

③确定极限压力 $p_1$。旁压曲线过临塑压力后，趋向于与纵轴平行的渐近线时，其对应的压力为极限压力 $p_1$ 值。如果从 $p$—$V$ 曲线上不能直接求出极限压力 $p_1$ 值，可用曲线外推方法至最大体积增量值 $V_1$( $= V_c + 2V_0$，$V_c$ 为旁压器中腔初始体积，$V_0$ 为孔穴体积与中腔初始体积的差值)，取对应 $V_1$ 的压力为极限压力 $p_1$。或用倒数曲线法求取。

(5)用 $p_0$、$p_f$、$p_1$ 确定承载力的基本值 $f_0$。

临塑压力法：

$$f_0 = p_f + p_0 \tag{5-36}$$

极限压力法：

$$f_0 = \frac{p_l + p_0}{F} \tag{5-37}$$

式中 $p_0$——原位水平土压力，kPa；

$F$——安全系数。

(6)计算不排水抗剪强度 $c_u$：

$$c_u = p_f + p_0 \tag{5-38}$$

(7)估算侧压力系数 $K_0$：

$$K_0 = \frac{p_0}{z\gamma} \tag{5-39}$$

式中 $z$——旁压器中心点至地面的土柱高度，m；

$\gamma$——土的重度，$kN/m^3$。

(8)计算旁压模量 $E_m$ 值：

$$E_m = 2(1+\mu)(V_c + V_m)\frac{\Delta p}{\Delta V} \tag{5-40}$$

式中 $E_m$——由旁压试验确定的模量，称旁压模量，kPa；

$\mu$——泊松比；

$V_m$——平均体积增量(取旁压试验曲线直线段两点间压力所对应的体积之和的一半)，$cm^3$；

$V_c$——旁压器(中腔)初始体积，$cm^3$；

$\Delta p$——旁压试验曲线上直线变形段的压力增量，kPa；

$\Delta V$——相应于 $\Delta p$ 的体积变化增量，$cm^3$。

## 六、试验记录

试验记录见表5-19。

**表5-19 旁压试验记录**

工程名称________ 试验孔编号________ 试验点编号________ 旁压器编号________

试 验 者________ 计 算 者________ 校 核 者________ 试验日期________

<table>
<tr><td colspan="2">孔口标高(m)</td><td colspan="2"></td><td colspan="2">试验深度(m)</td><td colspan="2"></td><td colspan="2">地下水位(m)</td><td></td></tr>
<tr><td colspan="4">测管水面离孔口距离(m)</td><td colspan="2"></td><td colspan="3">旁压器中所受静水压力</td><td colspan="2"></td></tr>
<tr><td colspan="2">试验土层描述</td><td colspan="4"></td><td>备注</td><td colspan="4"></td></tr>
<tr><td colspan="4">压力 p(kPa)</td><td colspan="7">测管水位下降值(累计值)(cm)</td><td rowspan="2">体积增量 V (cm³)</td></tr>
<tr><td>压力表读数</td><td>总压力</td><td>校正值</td><td>校正后</td><td>0 (min)</td><td>0.5 (min)</td><td>1 (min)</td><td>2 (min)</td><td>3 (min)</td><td>校正值</td><td>校正后</td></tr>
<tr><td></td><td></td><td></td><td></td><td></td><td></td><td></td><td></td><td></td><td></td><td></td><td></td></tr>
<tr><td></td><td></td><td></td><td></td><td></td><td></td><td></td><td></td><td></td><td></td><td></td><td></td></tr>
<tr><td></td><td></td><td></td><td></td><td></td><td></td><td></td><td></td><td></td><td></td><td></td><td></td></tr>
</table>

# 第八节　现场直接剪切试验

## 一、概述

(1)土的现场剪切试验通常是在施工现场对几个试样(每组不少于 3 个)施加不同的垂直荷载,待其固结稳定后再施加水平剪力,使试样在确定的剪切面上破坏,记录每个试样的破坏剪切应力,绘制出剪切破坏时剪应力与法向荷载的关系曲线,从而得到土的抗剪强度指标。

(2)现场剪切试验可采用应力控制和应变控制两种方式进行。

## 二、仪器设备

(1)附压力表的千斤顶:对试样施加垂直向压力和切向剪力的千斤顶需 4 ~ 6 个,出力 150 ~ 200 kN;压力表为 1.5 级。经称量的加重物(如铁块、混凝土块等)若干块。

(2)拉力计:量程为 0 ~ 100 kN,准确度为全量程的 1.0%。

(3)百分表:2 ~ 4 个,量程 10 ~ 25 mm,分度值 0.01 mm。

(4)反力架:用于获得对试样的垂直荷载,它可以是一个压重物的荷载平台,也可由一些地锚与钢梁组成。

(5)牵引及导向设备:钢丝绳、滑轮、三脚架、锚座等。

## 三、操作步骤

(1)土的现场直接剪切试验可在试洞、试坑或探槽中进行。同一组试验土体的地质条件应基本相同,其受力状态应与土体在工程中的受力状态相近。

(2)应根据剪切面状态,选择试验布置方案。当剪切面水平或近于水平时,可采用平推法或斜推法;当剪切面较陡时,可采用楔形体法,如图 5-26 所示。

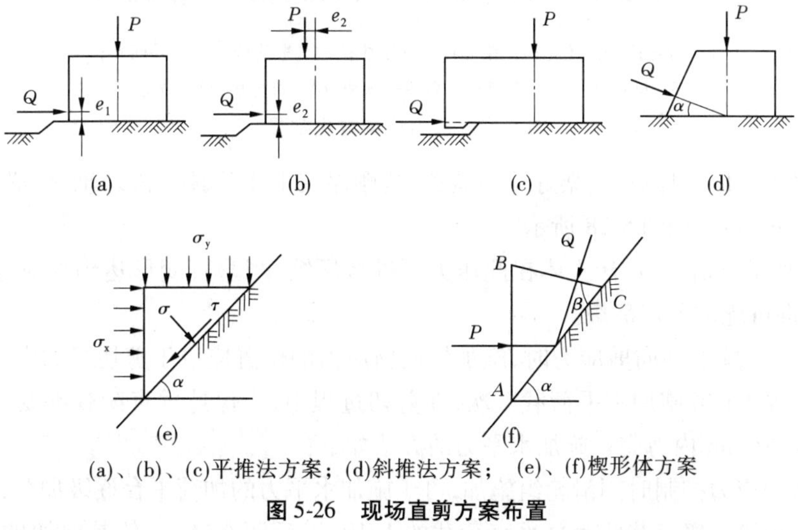


(a)、(b)、(c)平推法方案; (d)斜推法方案; (e)、(f)楔形体方案

**图 5-26　现场直剪方案布置**

(3)开挖试坑时应避免对试体的扰动,尽量保持土体结构及含水率不产生显著的变化。若在地下水位以下进行试验,应避免水压力和渗流对试验的影响。

(4)每组试验试体不宜少于 3 个。试体剪切面积不宜小于 0.3 $m^2$,高度不宜小于 20 cm或为最大粒径的 4 ~8 倍。

(5)在修整好的试体上套上剪切盒,或用下端带有刃口的剪切盒边压边削剪切盒外侧的土体,直到剪切盒全部切入到预定的试验位置。同时修整试样的顶面,并在顶面放上盖板。剪切盒与试样间的间隙应用膨胀快凝水泥砂浆填充。剪切盒底边应在剪切面以上,并留一适当间隙。

试样在空间的方位一般用剪切盒垂直切入土层,试验时作水平向剪切。当工程需要时,也可以制作剪切面具有各种倾角的试样。当倾角较大时,应对制备的试样进行支护,直至试验设备安装完毕、开始施加剪切应力时才能拆除支撑,以防止在安装过程中损坏试样。

(6)试验开始时,首先对试样分级施加垂直荷载,最大的垂直荷载应大于设计荷载,并以此按等量分成 3 ~4 个垂直荷载进行试验,施加荷载的精度范围应为试验最大荷载的 ±2%。垂直荷载施加方法如下:

①若采用重物加荷,可先在土样上搁置加荷平台,均匀地逐渐加上重物。应避免加荷时发生偏心现象,如图 5-27 所示。

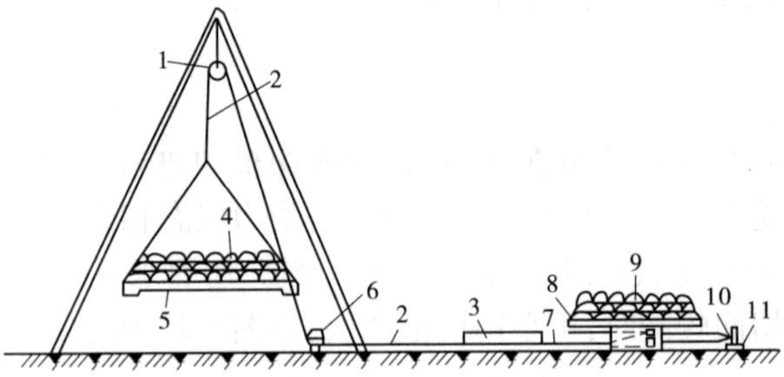


1—滑轮;2—钢丝绳;3—拉力计;4—铁块;5—水平荷载台;6—导向轮;
7—试块;8—加垂直荷载平台;9—铁块;10—百分表;11—支架

**图 5-27　应力控制方式布置**

②若采用千斤顶加荷,支架好反力装置,按顺序装上千斤顶和滚珠轴承,必须保证作用力位于试样中心,如图 5-28 所示。

(7)施加垂直荷载后,让土体在此压力下进行压缩,当垂直变形达到相对稳定(0.01 mm/h)后,即可施加剪切荷载。

(8)对试样施加切向剪应力时,施加切向剪应力的位置应位于剪切缝的中心,剪切速率一般为每隔 1 min 施加水平荷载 1 次,在剪切过程中,应保持垂直荷载不变,剪切破坏时间控制在 20 min 内剪完。施加水平力的方法如下:

①当采用应力控制时用滑轮组施加,可于施加水平力的加荷平台逐级加荷,并用拉力计计量。一般第一级荷载约为总垂直荷载的 1/10,以后逐级减小,使其剪切破坏时的最

后一级荷载约为垂直荷载的1/20,如图5-27所示。

为了避免加载引起冲击力,最好先用起重葫芦将加荷平台吊起,待加荷时再徐徐放下。

②当采用应变控制时用千斤顶加荷,根据土样面积和千斤顶活塞面积的大小,事先算出千斤顶的出力,然后控制千斤顶上压力表的读数,保证每级剪切力的大小在规定的数值上,如图5-28所示。

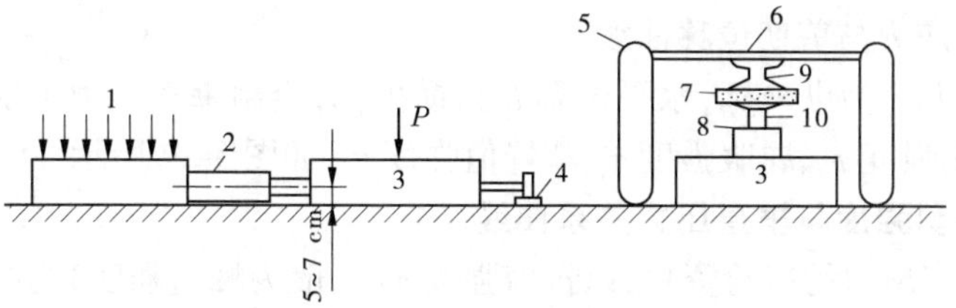


1—镇压荷载;2—千斤顶;3—试块;4—支座;5—车轮;
6—载重汽车底架;7—轴承;8—千斤顶;9—工字钢;10—垫块

**图5-28 应变控制方式布置**

(9)每施加一级水平荷载,均应测记剪应力和土试样的水平位移量及垂直位移量。位移量应在加下一级水平力前测试,同时观察周围土的变形情况,当剪切变形急剧增加或剪切变形量达到试体尺寸的1/10时,即认为土体已经破坏,可终止试验。

(10)对于同一土层,应在不同垂直荷载条件下,以同样的试验方法进行3~4个试样的剪切试验。需要时可沿剪切面继续进行摩擦试验。

## 四、计算和制图

### (一)试样垂直压力计算

(1)采用重物加载时:

$$\sigma = \frac{W}{A} \times 10 \tag{5-41}$$

式中 $\sigma$——作用于试样上的垂直压力,kPa;

$W$——作用于加荷台上的总荷载,kN;

$A$——试样剪切面的面积,$cm^2$;

10——单位换算系数。

(2)采用千斤顶法加载时:

$$\sigma = \frac{Fa}{A} \times 10 \tag{5-42}$$

式中 $F$——垂直千斤顶上压力表的读数,kPa;

$a$——千斤顶活塞面积,$cm^2$;

其他符号含义同前。

**(二)试样切向剪应力计算**

$$\tau = \frac{F_H}{A} \times 10 \tag{5-43}$$

式中 $F_H$——试样或地基土破坏时的水平力(当采用滑轮组加荷时,根据滑轮组合计算求得,当用千斤顶加荷时,则为水平千斤顶上压力表的读数乘千斤顶活塞面积),kN;

$A$——试样的面积,$cm^2$。

**(三)绘制剪应力与剪切位移曲线**

以水平剪应力 $\tau$ 为纵坐标,水平位移 $\delta$ 为横坐标,绘制垂直压力不变时的 $\tau$—$\delta$ 关系曲线,并确定比例强度 $\tau_e$、屈服强度 $\tau_p$ 和峰值强度 $\tau_f$,如图 5-29 所示。

**(四)绘制抗剪强度与垂直压力关系曲线**

根据不同垂直压力的试验资料,以抗剪强度 $\tau$(一般为峰值强度)为纵坐标,垂直压力 $\sigma$ 为横坐标,绘制 $\tau$—$\sigma$ 关系曲线,如图 5-30 所示。曲线与水平线间的夹角为土样的内摩擦角 $\varphi$,曲线在纵坐标上的截距为土样的内黏聚力 $c$。

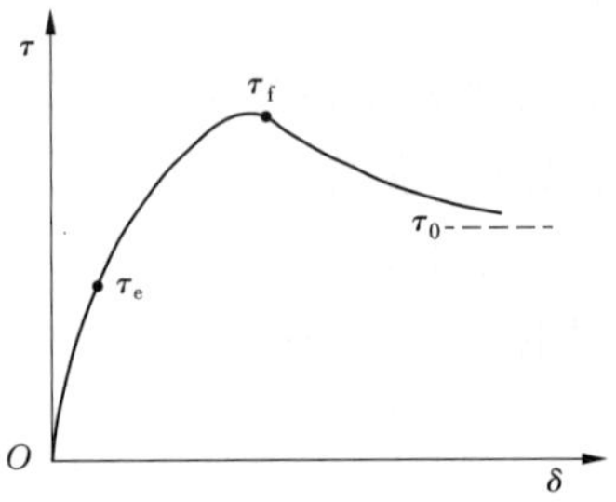


**图 5-29 剪应力与剪切位移关系曲线**

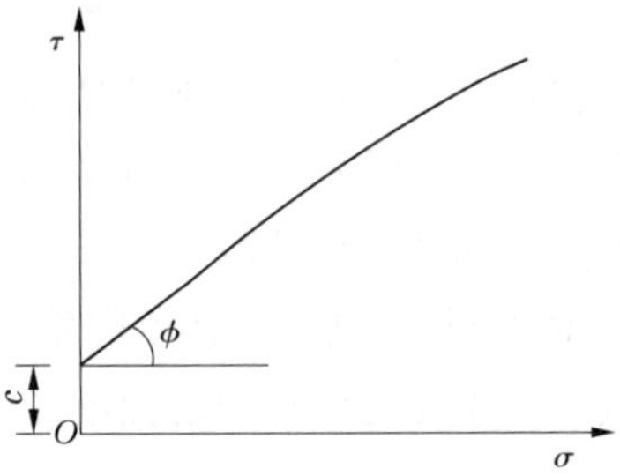


**图 5-30 抗剪强度与垂直压力关系曲线**

## 五、试验记录

试验记录见表 5-20。

**表 5-20 原位直剪试验记录**

工程名称________ 试验地点________ 试验编号________ 试验方法________

试 验 者________ 计 算 者________ 校 核 者________ 试验日期________

试样面积____________ $cm^2$ 固结时间____________ h 试样压缩量________ mm

垂直压力____________ kPa 剪切历时____________ min 抗剪强度____________ kPa

| 剪切历时(min) | 剪应力(kPa) | 剪切位移(mm) | 说明 |
|---|---|---|---|
| | | | |
| | | | |
| | | | |

# 第九节　现场渗透试验

## 一、概述

(1)测定土渗透性的方法主要有现场试验和室内试验两大类。室内试验只能测一个小试样透水性的大小,如果土层是均质的,它只能代表该土层的透水性。而现场试验可以反映成层地基的渗透性,它测定的是整个场地内不均匀土层透水性的大小。

(2)现场测定土的渗透性的方法有注水试验、抽水试验和压水试验。但由于设备复杂,耗资大,仅在特殊需要时才采用,本书仅介绍注水试验法,抽水试验法和压水试验法需要时可参考其他有关资料。

## 二、仪器设备(注水试验法)

(1)两个嵌在试坑底部的钢环,其中:内环直径为 22.6 cm,高为 15 cm;外环直径为 45.2 cm,高为 15 cm。在木支架上倒置着 2 ~ 4 个容积为 1 000 ~ 5 000 mL 装有斜口玻璃管和橡皮塞的供水瓶,供水瓶的分度值为 50 mL。试验装置如图 5-31 所示。

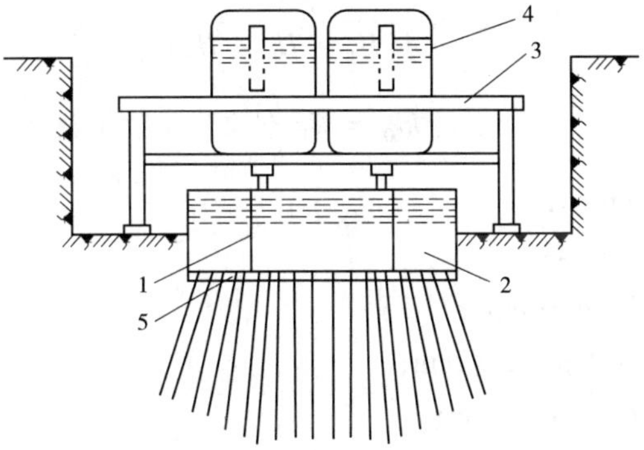


1—内环;2—外环;3—支架;4—供水瓶;5—砾石层

**图 5-31　试坑注水法试验装置**

(2)温度计:量程 0 ~ 50 ℃,分度值 1 ℃。

(3)其他设备:土钻、吸水球及现场测含水率设备。

## 三、试验步骤

(1)在试验地区按预定深度开挖面积不小于 1.0 m × 1.5 m 的试坑,在坑底再向下挖一直径等于外环、深 15 ~ 20 cm 的储水坑,整平坑底。

(2)把大小钢环细心放入储水坑内,使其成同心圆,钢环入土深度至环上起点刻度,两环上缘应在同一水平面上。压环时,须防止土的压实或变形,若土的扰动过大,须重新另挖试坑。

(3)在两环底部均铺一 2 cm 厚的砾石层,然后在内环及两环间隙内注清水至满,安放支架至水平位置。将供水瓶注满清水后倒置于支架上,供水瓶的斜口玻璃管分别插入内环和内外环之间的水面以下。玻璃管的斜口应在同一高度上(及环口水平面),以保持水平面不变。

(4)记录渗水开始时间及供水瓶的水位和水温。经一定时间后,测记在此时间内由供水瓶渗入土中的水量,直至流量稳定。

(5)从供水瓶流出的水量达到稳定后,在 1 ~2 h 内测记流出水量至少 5 ~6 次。每次测记的流量与平均流量之差,不应超过 10%。

(6)试验结束后,拆除仪器,吸出储水坑中的水。

(7)在离试坑中心 3 ~4 m 以外,钻几个 3 ~4 m 深的钻孔,平均每隔 0.2 m 深取土样一个,测定其含水率。根据含水率的变化,确定渗透水的入渗深度。

## 四、计算

计算渗透系数:

(1)近似值计算:

$$k_{\mathrm{T}} = \frac{Q}{A} \tag{5-44}$$

(2)较精确值:

$$k_{\mathrm{T}} = \frac{QH_1}{A(H_1 + H_2 + H_3)} \tag{5-45}$$

$$k_{20} = k_{\mathrm{T}} \frac{\eta_T}{\eta_{20}} \tag{5-46}$$

式中 $k_{\mathrm{T}}$——渗透系数,cm/s;

$Q$——渗透流量,$cm^3/s$;

$A$——内环面积,$A \approx 400\ cm^2$;

$H_1$——试验时水的入渗深度,cm;

$H_2$——储水坑中水的深度,cm;

$H_3$——相当于作用毛细管力的水柱高度,cm,根据不同土质可按表 5-21 查取;

$k_{20}$——水温为 20 ℃时的渗透系数,cm/s;

$\eta_T$、$\eta_{20}$——$T$ ℃和 20 ℃时水的动力黏滞系数,kPa · s。

**表 5-21 相当于作用毛细管力的水柱高度表**

| 土的名称 | $H_3$(cm) | 土的名称 | $H_3$(cm) |
|---|---|---|---|
| 粉质黏土(CL) | 100 | 黏土质细砂(SC) | 20 |
| 砂质黏土(CL) | 80 | 纯细砂(SM) | 20 |
| 粉土(ML) | 60 | 中砂(SP) | 10 |
| 砂质粉土(ML) | 40 | 粗砂(SP) | 5 |

## 五、试验记录

试验记录见表 5-22。

表 5-22　试坑渗水试验记录

工程名称________　试坑编号________　试坑深度________　内环面积$A\approx 400\ cm^2$

土质说明________　仪器编号________　内环直径________

试 验 者________　计 算 者________　校 核 者________　试验日期________

| 测量时间 | | | 时间间隔 | 渗入水量 | 水的渗透流量 | | 近似渗透系数 | 渗透深度 | 环内水柱高度 | 毛细管升高 | 渗透系数 $k_T$ | 水温 20 ℃ 渗透系数 $k_{20}$ | 平均渗透系数 $\overline{k_{20}}$ |
|---|---|---|---|---|---|---|---|---|---|---|---|---|---|
| d | h | min | min | L | L/min | mL/s | cm/s | cm | cm | cm | cm/s | cm/s | cm/s |
| | | | (1) | (2) | (3) | (4) | (5) | (6) | (7) | (8) | (9) | (10) | (11) |
| | | | | | (2)/(1) | 16.7×(3) | (4)/$A$ | | | | $\frac{(4)\times(6)}{A[(6)+(7)+(8)]}$ | $(9)\times\frac{\eta_T}{\eta_{20}}$ | $\frac{\sum(10)}{n}$ |
| | | | | | | | | | | | | | |
| | | | | | | | | | | | | | |

# 第十节　波速试验

## 一、概述

（1）作用在地基土（假定是弹性的半无限连续介质）上的振动荷载，主要以弹性波的形式在土中传播。波速试验是依据弹性波在岩土体内的传播理论，测定弹性波在地层中的传播时间，计算出相应的传播距离和传播速度，间接地推求地基土在小应变条件下的动弹性模量、动剪切模量和动泊松比的一种试验方法。

（2）弹性波主要有纵波、横波和瑞利波等。纵波又称压缩波（或 P 波），它是由介质拉压变形产生，质点的振动方向和传播方向一致。横波又称剪切波（或 S 波），其质点的振动方向和波的传播方向垂直。瑞利波又称 R 波，是一种沿地基土表面传播的波，振动质点做逆进的椭圆轨迹运动，其轨迹平面垂直于地基土表面而平行于波的传播方向。上述三种弹性波的质点运动轨迹如图 5-32 所示。

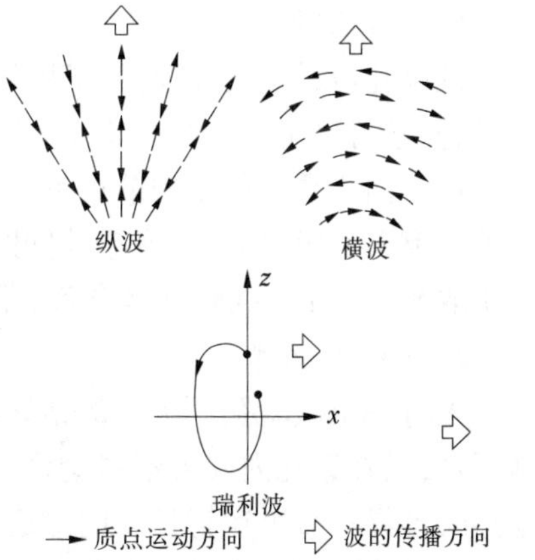

图 5-32　弹性波各波型的质点运动轨迹

（3）波速试验适用于各类岩土体，其试验方法又分跨孔法、单孔波速法和面波法。

跨孔法是以一孔为激振孔，另布置 2 孔或 3 孔作检波孔，测定直达的压缩波初至和第一个直达剪切波的到达时间，计算传播速度，常用于多层体系的地层中。

单孔波速法是在同一孔中，在孔口设置振源，孔内不同深度处固定检波器，测出孔口振源所产生的波传到孔内不同深度处所需的时间,计算传播速度,常用于地层软硬变化大和层次较小或岩基上为覆盖层的地层中。

面波法(采用稳态振动法)是将振源放在地面,根据测试要求,在地面确定测线的位置和方向,测定不同激振频率下瑞利波(R 波)速度弥散曲线(即 R 波波速与波长关系曲线),可以计算一个波长范围内的平均波速。当激振频率在 20 ~ 30 Hz 以上,测试深度可在 3 ~5 m,一般用于地基条件简单、波速快的土层下伏波速慢的土层的场地。

## 二、仪器设备

(1)激振器(振源):可采用机械振源、爆炸振源和电火花等,但主要采用能正反向重复激振的井下剪切波锤。面波法采用电磁式或机械式激振器。

(2)检波器:常采用三分量检波器(是由三个传感器按相互垂直的方向固定并密封在一个防水无磁性圆筒内制成的),其谐振频率一般为 8 ~27 Hz。

(3)放大器:采用多通道、低噪声的放大器(噪声水平应低于 2 μV),各通道必须具有一致的相位特性(相位偏差应小于 0.1 ms),并配有可调的增益装置(电压增益应大于 80 dB,不能采用信号滤波装置)。

(4)记录器:可采用各种型号的示波记录器或多通道工程地震仪。记录准确度应在 1 ~2 ms。

(5)测斜仪:能测量 0 ~360°的方位角及 0 ~30°的倾角。倾角测量允许误差为 ±0.1°。

(6)套管:内径为 76 ~85 mm,壁厚为 6 ~7 mm 的硬聚氯乙烯塑料管。

(7)零时触发器:采用压电晶体触发器或机械触发装置,其升压时间延迟应不大于 0.1 ms。

## 三、操作步骤

### (一)跨孔波速法

1. 试验孔布置

试验孔应尽量选择地面高程相近的地段,若地面起伏较大,必须准确测出孔口的高程,以便进行修正。一组试验布置 3 孔,试验孔的间距,在保证检波器所接收到的初至波是直达波而不是折射波的前提下,同时考虑地层厚度、仪器的记录精度和振源能量所能传播的距离等情况,尽可能取钻孔间距小些。一般在土层中取 2 ~4 m,砾石中取 4 ~5 m,岩石中取 8 ~10 m。试验仪器布置如图 5-33 所示。

2. 下套管、灌浆

先将一组试验孔一次全部钻好,为防止钻孔孔壁坍落以及使检波器与岩土介质更好地耦合,需在钻孔内安置塑料套管。套管一般不用钢管,因为钢管本身的传播波速大,在激振时容易在整个钢管长度内形成次生波源,导致波传播和接收的复杂化。套管与孔壁之间的间隙要用灌浆或砂充填。浆液一般采用 1∶1∶6.25 的水泥∶膨润土∶水搅拌混合而成。然后用移动式循环高压泥浆泵,通过放到孔底的灌浆管,从孔底向上灌浆,直到灌满孔壁与套管的间隙,并测定孔口溢流出的泥浆浓度(或密度)与预先搅拌的泥浆浓度(或密度)相等。

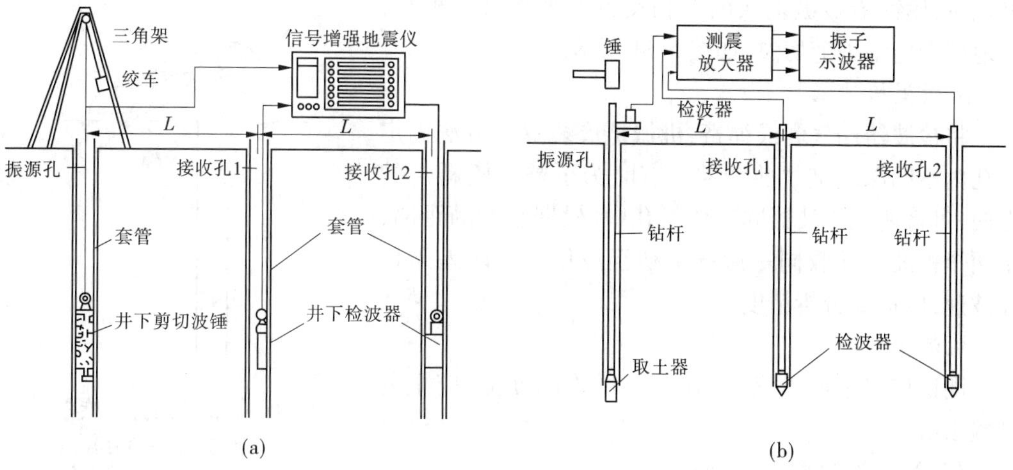


**图 5-33　跨孔法波速试验仪器布置示意图**

3. 钻孔垂直度的量测

为了准确算出各测点直达波的传播距离，当试验孔深度大于 15 m 时，必须用测斜仪对每个试验孔进行倾斜度测量。先从上到下以测试点相同的距离连续进行，然后从孔底向上进行复测，并将测斜仪反转 180°重测一次。

4. 现场测试

首先把边缘一个孔作为振源孔，把井下剪切波锤放到测试深度，利用气囊或弹簧、机械扩展装置等方法，将井下剪切波锤固定在这个位置上。然后向上拉动连接在井下剪切波锤上钢丝绳，则上、下质量块分别上、下冲击固定锤体使土层水平向产生 S 波。用放入孔内贴壁式三分量检波器由上往下逐点测量。从孔口往下 0.4 倍孔距深度处为第一个测点，然后以 1 ~2 m 的距离连续测量，每个地层一般要有 2 ~5 个测点，每个测点需测量 2 ~4次。每次测试时，振源中心和检波器中心需在同一高程上。

5. 分段钻进分段测试法

若用几台钻机(一般需用 3 台)同时分段钻进，待钻至预定测试深度后，提出钻具，将振源装置和检波器分别放入各钻孔底，进行测试。该方法主要适用于厚度不太大的第四纪土层，它可以免除下套管和灌浆等复杂的工序，同时可有效地避免测试过程中的各种耦合。测试时为了防止孔壁坍塌，必须用泥浆护壁。为了保证振源和检波器与土层耦合，提出钻具后，孔底残余土厚度不能大于 10 cm，否则必须重新清除孔底浮土。

**(二)单孔波速法**

1. 钻孔

在所选定的试验点钻孔，钻孔时应尽量减少孔壁土扰动，并保证试验孔垂直。若地层软弱应下套管护壁，套管与孔壁间用灌浆法和填砂法处理，并记录土层状态。

2. 设置振源

用敲板法作振源时，在距孔口 1.0 ~3.0 m 处放置一长度为 2 ~3 m 的混凝土板或木板，并与地面贴紧。在木板上应放置约 500 kg 的重物，以防止板滑移。板的中垂线应通过孔口,用锤沿板纵轴从两个相反方向水平敲击板端,使地层产生水平剪切波,如图 5-34 所示。

3. 设置检波器

将检波器用气囊或弹簧、机械扩展装置等方法固定在孔内不同深度接收剪切波。有时为了整理资料上的方便,可将两只检波器同时放入孔中,根据它们的距离,用两个检波器接收同一激振下初至波传播历时差来计算波速,以提高分析精度。

4. 测试

测试应自下而上进行,在一个试验深度上,应重复试验多次。

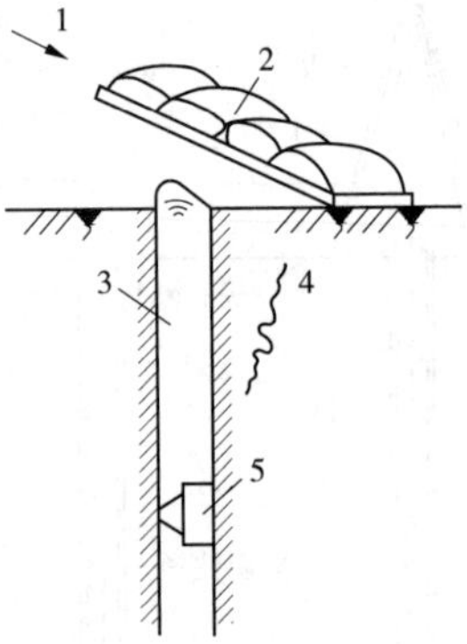


1—激振力;2—重物;3—钻孔;4—剪切波;5—检波器

**图 5-34　用敲板法作振源的单孔波速测试方法示意图**

**(三)面波法(稳态振动)**

(1)选择比较平整开阔的场地为试验场地,根据测试要求确定测线的位置和方向。测线长度应根据振源能量大小、仪器灵敏度和最低输入频率来确定。

(2)以振源作为测线零点,在振源一边布置 2 个或 3 个检波器,如图 5-35 所示。

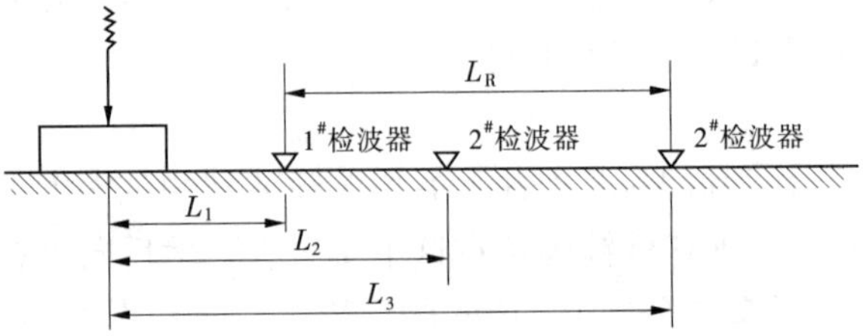


**图 5-35　面波法(稳定振动)布置示意图**

(3)选择适合的激振频率 $f$,开启激振器,此时,两个检波器接收到的是同一频率 $f$、同一相位的瑞利波。

(4)当两检波器接收到的振动波有相位差时,表明两检波器的间距 $\Delta L$ 不等于瑞利波波长 $L_R$,因此,移动其中任一检波器,使两检波器记录的波形同相位($2\pi$),然后在同一频率下,移动检波器至 2 个波长、3 个波长处($L = L_R, 2L_R, 3L_R, \cdots$)进行测试。试验应重复多次,一般 5 组即可。

## 四、计算与制图

**(一)波形识别**

波形识别是跨孔法、单孔法波速测试中很重要的工作。跨孔法和单孔法波速测试中所记录的波动信号曲线主要由体波组成。它一般分三个阶段:第一段是从零时开始至直达波能量的到达,其信号除受外部干扰出现毛刺外,基本上是一条接近于直线的平稳段;第二段从波的第一个初至起至第二个初至,此段属于 P 波段,振幅小,频率高;第三段是以 S 波为主的部分,振幅大,频率低,如图 5-36(a)所示。首先在各测点的原始波形记录上识别出压缩波(P 波)序列和剪切波(S 波)序列。第一个起跳点即为压缩波的初至。然后，根据下列特征识别出第 1 个剪切波的到达点。

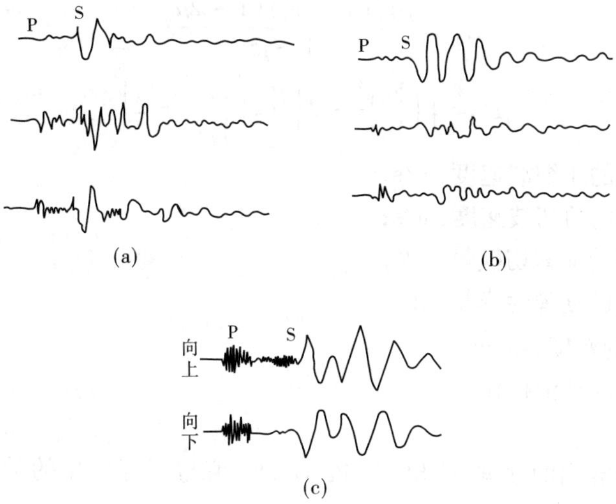


**图 5-36　P 波、S 波的识别**

（1）波幅突然增值为压缩波幅值 2 倍以上，如图 5-36（a）所示。

（2）周期比压缩波周期至少增加 2 倍以上，如图 5-36（b）所示。

（3）若采用井下剪切波锤作振源，一般压缩波的初至极性不发生变化，而第一个剪切波到达点的极性产生 180°的改变，所以极性波的交点即为第一个剪切波的达到点，如图 5-36（c）所示。

**（二）计算**

（1）正确计算激振点与检波点之间的距离。对跨孔法如孔有偏斜，应对孔距进行校准。

（2）按下列公式计算压缩波、剪切波和瑞利波的传播速度，其误差应在 5% 以内：

$$V_{\mathrm{P}} = \frac{L_{\mathrm{P}}}{t_{\mathrm{P}}} \tag{5-47}$$

$$V_{\mathrm{S}} = \frac{L_{\mathrm{S}}}{t_{\mathrm{S}}} \tag{5-48}$$

$$V_{\mathrm{R}} = \frac{L_{\mathrm{R}}}{t_{\mathrm{R}}} = \frac{L_{\mathrm{R}}}{2\pi/\omega} = L_{\mathrm{R}}f \tag{5-49}$$

式中　$V_{\mathrm{P}}$、$V_{\mathrm{S}}$、$V_{\mathrm{R}}$——压缩波、剪切波和瑞利波的波速，m/s；

$L_{\mathrm{P}}$、$L_{\mathrm{S}}$、$L_{\mathrm{R}}$——压缩波、剪切波和瑞利波的传播距离（激振点与检波点的距离），m；

$t_{\mathrm{P}}$、$t_{\mathrm{S}}$、$t_{\mathrm{R}}$——各波从激振点传至检波点所需的时间，s；

$\omega$——简谐波的圆频率，rad/s；

$f$——激振频率，$\mathrm{s}^{-1}$。

（3）按下列公式计算动剪切模量、动弹性模量和泊松比：

$$G_{\mathrm{d}} = \rho V_{\mathrm{S}}^2 \tag{5-50}$$

$$E_{\mathrm{d}} = \frac{\rho V_{\mathrm{S}}^2(3V_{\mathrm{P}}^2 - 4V_{\mathrm{S}}^2)}{V_{\mathrm{P}}^2 - V_{\mathrm{S}}^2} \tag{5-51}$$

或

$$E_d = 2\rho V_S^2(1+\mu_d) \tag{5-52}$$

$$E_d = \frac{\rho V_P^2(1+\mu_d)(1-2\mu_d)}{1-\mu_d} \tag{5-53}$$

$$\mu_d = \left[\left(\frac{V_P}{V_S}\right)^2 - 2\right] \Big/ \left[2\left(\frac{V_P}{V_S}\right)^2 - 2\right] \tag{5-54}$$

式中 $V_P$——地层的压缩波速度,m/s;

$V_S$——地层的剪切波速度,m/s;

$G_d$——地层的动剪切模量,kPa;

$E_d$——地层的动弹性模量,kPa;

$\rho$——地层的密度,kg/m$^3$;

$\mu_d$——地层的动泊松比。

**(三)制图**

根据整理和计算出的数据,绘出 $V_P$、$V_S$、$G_d$、$E_d$ 值与深度变化的关系曲线,如图 5-37 所示。

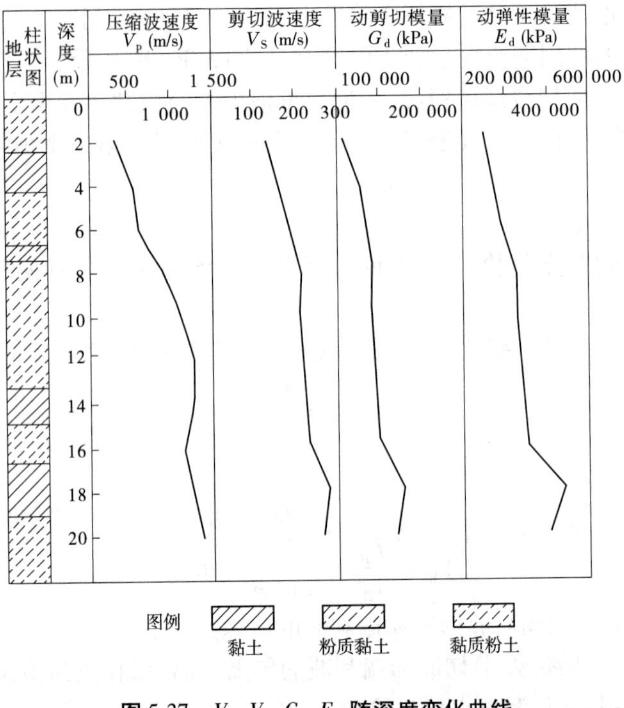


**图 5-37 $V_P$、$V_S$、$G_d$、$E_d$ 随深度变化曲线**

## 五、试验记录

试验记录见表 5-23 和表 5-24。

**表 5-23　波速试验记录(跨孔法)**

工程名称________　试验地点________　钻孔排列方位________

试 验 者________　计 算 者________　校　核　者________　试验日期________

$S \leftrightarrow R_1 \leftrightarrow R_2$

| 深度(m) | 土层名称 | 测斜后的实际水平距离 | | | 波的传播时间(ms) | | | | | | 波速值(m/s) | | | | | |
|---|---|---|---|---|---|---|---|---|---|---|---|---|---|---|---|---|
| | | S—$R_1$ | S—$R_2$ | $R_1$—$R_2$ | S—$R_1$ | | S—$R_2$ | | $R_1$—$R_2$ | | S—$R_1$ | | S—$R_2$ | | $R_1$—$R_2$ | |
| | | | | | $t_P$ | $t_S$ | $t_P$ | $t_S$ | $t_P$ | $t_S$ | $V_P$ | $V_S$ | $V_P$ | $V_S$ | $V_P$ | $V_S$ |
| | | | | | | | | | | | | | | | | |
| | | | | | | | | | | | | | | | | |
| | | | | | | | | | | | | | | | | |

**注**:S—震源孔;$R_1$—接收孔 1;$R_2$—接收孔 2;$(S-R_1)t_p$、$t_s$—S、$R_1$ 之间的压缩波和剪切波从激振点到检波点所需的时间;$(S-R_2)t_p$、$t_s$—S、$R_2$ 之间的压缩波和剪切波从激振点到检波点所需的时间;$(S-R_1)V_p$、$V_s$—S、$R_1$ 之间的压缩波和剪切波的波速;$(S-R_2)V_p$、$V_s$—S、$R_2$ 之间的压缩波和剪切波的波速。

**表 5-24　波速试验记录(面波法)**

工程名称__________　试验地点__________　试验日期__________

试 验 者__________　计 算 者__________　校 核 者__________

| 激振频率 $f(s^{-1})$ | 检波器与振源间距离(m) | | | 波长(m) | 波速值 |
|---|---|---|---|---|---|
| | S—$l_1$ | S—$l_2$ | S—$l_3$ | $L_R = l_3 - l_1$ | $V = L_R f$(m/s) |
| | | | | | |
| | | | | | |
| | | | | | |

# 第六章　基桩静载试验

桩基础是一种应用十分广泛的基础形式，在实际工程中，桩的受力情况极其复杂，如何正确评价桩的承载能力，选择合理的设计参数是一个关系到设计是否安全与经济的重要问题。桩的现场静载试验综合考虑了地基土的类别、性质，桩的几何特性，荷载性质，桩材特性，施工工艺质量和可靠性等因素对承载力的影响，是世界公认的获得单桩竖向抗压、抗拔以及水平向承载力的最基础、最可靠的方法。本章将详细介绍单桩竖向抗压静载试验、单桩竖向抗拔静载试验和单桩水平静载试验的试验方法。

## 第一节　单桩竖向抗压静载试验

### 一、概述

(1)单桩竖向抗压静载试验是采用接近于竖向抗压桩实际工作条件的试验方法，试验时荷载作用于桩顶，使桩顶产生沉降，测出作用于单根试桩的荷载 $q$ 与沉降 $s$ 的关系曲线，以及每级荷载作用下桩顶沉降随时间的变化曲线，从而确定单桩竖向抗压极限承载力，作为设计依据，或对工程桩的承载力进行抽样检验和评价。当桩身中埋有桩底反力和桩身应力、应变测量元件时，还可以直接测得桩侧各土层的极限摩阻力和极限端阻力。

(2)单桩竖向抗压极限承载力是指单桩在竖向荷载作用下到达破坏状态前或出现不适于继续承载的变形时所对应的最大荷载。

### 二、仪器设备

#### (一)试验加载装置

一般选用单台或多台同型号的千斤顶并联合加载。千斤顶的加载反力装置可根据现场实际条件取下列四种形式之一：

(1)锚桩横梁反力装置。锚桩本身必须具备足够的强度，锚桩长度和横梁尺寸按预计最大试验荷载的 1.2 ~ 1.5 倍进行设计；一般锚桩数量不少于 4 根，并对称于试验桩布置，如图 6-1 所示。在试验过程中应对锚桩的上拔量进行监测。基准桩应稳定可靠，以保证观测的准确性。该

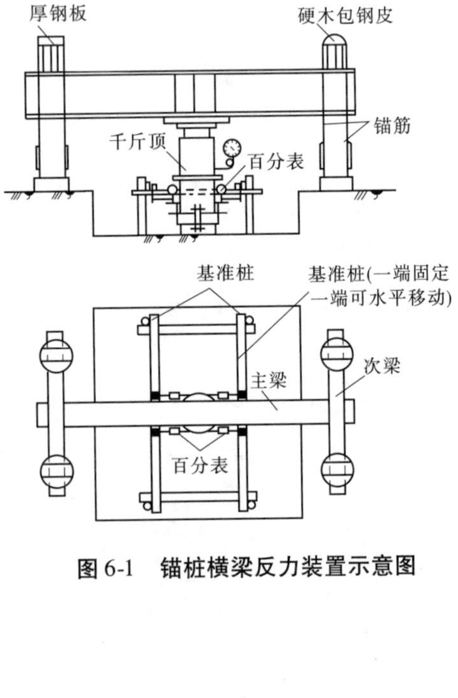


图 6-1　锚桩横梁反力装置示意图

方案不足之处是进行大吨位灌注桩试验时无法随机抽样。

(2)压重平台反力装置。压重材料一般为铁锭、混凝土块或砂袋,压重量不得少于预估试桩破坏荷载的1.2倍。压重应在试验开始前一次加上,并均匀稳固地放置于平台上,如图6-2所示。高吨位试桩时,注意大量压重将引起地面沉降,应对基准桩进行沉降监测。压重的优点是可对试桩随机抽样,适合不配筋或少配筋的桩。

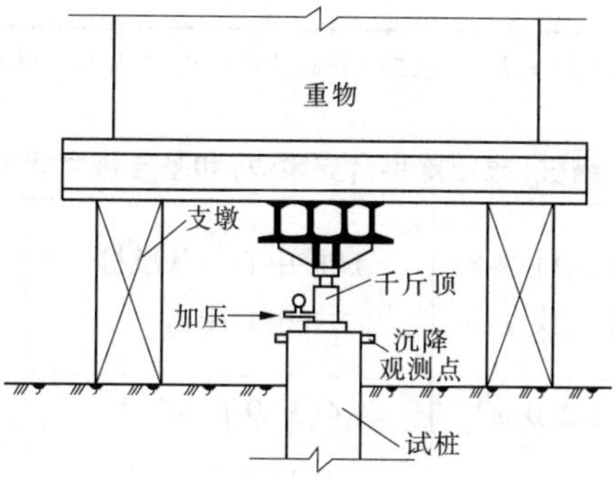


**图6-2 压重平台反力装置示意图**

(3)锚桩压重联合反力装置。当试桩最大加载量超过锚桩的抗拔能力时,可在锚桩上或横梁上配重,由锚桩和重物共同承受千斤顶的加荷反力。当采用多台千斤顶加载时,千斤顶应严格进行几何尺寸对中,并将千斤顶并联同步工作,千斤顶的上、下部位需设置有足够强度和刚度的垫箱,并使千斤顶的合力通过试桩中心。

(4)地锚反力装置。地锚由锚叶、锚杆组成,锚叶由三片圆锥形螺旋叶片组成,叶片厚度一般为8 mm,边缘经打磨呈刀刃状;锚杆一般分为$\phi$50型和$\phi$60型,均为壁厚6 mm的无缝钢管制作,锚杆底部为圆锥型封堵,以便于旋进。图6-3所示为伞形地锚装置,适用于较小桩的试验加载。

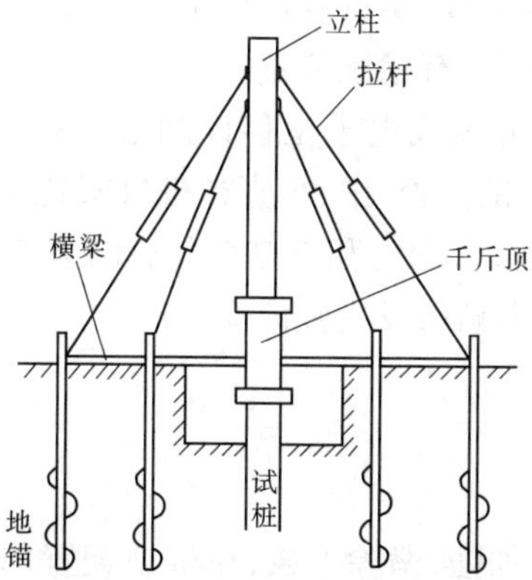


**图6-3 伞形地锚装置示意图**

上述各种加载方式中,试桩、锚桩(压重平台支墩)和基准桩之间的中心距离,按《建筑地基基础设计规范》(GB 50007—2011)和《建筑桩基检测技术规范》(JGJ 106—2003)确定表6-1、表6-2。

表 6-1　试桩、锚桩和基准桩之间的中心距离

| 反力系统 | 试桩与锚桩（或压重平台支墩边） | 试桩与基准桩 | 基准桩与锚桩（或压重平台支墩边） |
| --- | --- | --- | --- |
| 锚桩横梁反力装置<br>压重平台反力装置 | ≥4$d$ 且 >2.0 m | ≥4$d$ 且 >2.0 m | ≥4$d$ 且 >2.0 m |

注：$d$ 为试桩或锚桩的设计直径，取其较大者（当试桩或锚桩为扩底桩时，试桩与锚桩的中心距离不应小于 2 倍扩大端直径）。

表 6-2　试桩、锚桩（或压重平台支墩边）和基准桩之间的中心距离

| 反力装置 | 试桩中心与锚桩中心距离（或压重平台支墩边） | 试桩中心与基准桩中心距离 | 基准桩中心与锚桩中心距离（或压重平台支墩边） |
| --- | --- | --- | --- |
| 锚桩横梁 | ≥4(3)$D$ 且 >2.0 m | ≥4(3)$D$ 且 >2.0 m | ≥4(3)$D$ 且 >2.0 m |
| 压重平台 | ≥4$D$ 且 >2.0 m | ≥4(3)$D$ 且 >2.0 m | ≥4$D$ 且 >2.0m |
| 地锚装置 | ≥4$D$ 且 >2.0 m | ≥4(3)$D$ 且 >2.0 m | ≥4$D$ 且 >2.0 m |

注：1. $D$ 为试桩、锚桩或地锚的设计直径或边宽，取其较大者。
2. 若试桩或锚桩为扩底桩或多支盘桩，试桩与锚桩的中心距离尚不应小于 2 倍扩大端直径。
3. 括号内数值可用于工程桩验收检测时多排桩基础设计桩中心距离小于 4$D$ 的情况。
4. 软土场地堆载重量较大时，宜增加支墩边与基准桩中心和试桩中心之间的距离，并在试验过程中观测基准桩的竖向位移。

### （二）荷载与沉降的量测仪表

（1）荷载可用并联于千斤顶的高精度压力表测定油压，压力表一般采用 0.4 精度等级，并根据事先标定的千斤顶率定曲线换算荷载。重要的桩基试验还需在千斤顶上放置应力环或压力传感器直接测定荷载，实行双控校正。千斤顶液压系统、应力环或压力传感器应定期进行标定，液压系统还应有稳压装置。

（2）试桩沉降一般采用百分表或电子位移计测量。对于大直径桩，应在其 2 个正交直径方向对称安置 4 个位移测试仪表，中、小直径桩可安置 2 个或 3 个。沉降测定平面离桩顶的距离不应小于桩径的 1/2。固定和支撑百分表的夹具与基准梁在构造上应确保不受气温、振动及其他外界因素影响而发生竖向变位。

## 三、试验方法

### （一）试桩要求

（1）试桩顶部一般应予以加强，凿除浮浆，在桩顶配置加密钢筋网 2～3 层，或以薄钢板圆筒做成加筋箍，与桩顶混凝土浇成一体，用高强度等级砂浆将桩顶抹平。试桩的倾斜度不应大于 1%。

（2）对于预制桩，如果桩顶出现破损，其顶部应外加封闭箍后浇捣高强细石混凝土予以加强。

（3）为安置沉降测点和仪表，试桩顶部露出试坑底面的高度不宜小于 60 cm，试坑底面宜与桩承台底设计标高一致。在试桩期间，试桩区域应避免冲击、振动等影响。

(4)试桩的成桩工艺和质量控制标准应严格遵守有关规定,并与工程桩保持一致。

(5)从成桩到开始试验的时间间隔:预制桩在打入砂土中7 d以后,在黏性土中不得少于15 d,对于饱和软黏土不得少于25 d;灌注桩应在桩身混凝土强度达到设计强度后,才能进行。

(6)试桩数量。同一条件下的试桩数量不宜少于总桩数的1%,并不少于3根,总桩数在50根以内时,不应少于2根。

**(二)试桩加载方式**

单桩竖向抗压静载试验的加荷方式有慢速维持荷载法、快速维持荷载法、等贯入速率法和多循环加载卸载法等。

(1)慢速维持荷载法。按一定要求将荷载分级,逐级加荷,每级荷载下桩顶沉降达到相对稳定后,再加下一级荷载,直到试桩破坏,或达到规定的终止试验条件时,停止加载,然后分级卸载到零,试验周期3~7 d。

(2)快速维持荷载法。当考虑缩短试验时间,对于工程桩的检验性试验,可采用快速维持荷载法。试验时,桩顶沉降观测不要求达到相对稳定,而是将预计施加的最大荷载分为若干级,以相等时间间隔连续加荷。一般每隔1 h加一级荷载,并读取相应的沉降量。大量试桩资料分析表明:快速维持荷载法试验所得出的单桩极限承载力比慢速维持荷载法高,其值可提高10%左右。

(3)等贯入速率法。该方法的特点是试验时保持桩顶沉降量等速率贯入土中,连续施加荷载,按荷载—贯入曲线确定极限荷载。贯入速率黏性土一般为0.25~1.25 mm/min,砂性土一般为0.75~2.5 mm/min,总贯入深度至少等于平均桩径的15%,也可以加到设计荷载的3倍或试桩反力系统的最大能力,试验在1~3 h就可完成。

(4)多循环加载卸载法。此法在国外用得比较多,其特点是在每级荷载达到相对稳定后卸载到零,即进行加载卸载循环。循环方法又分为:以部分荷载进行加卸载循环的慢速法、以慢速法为基础对每一级荷载进行加卸载循环法和以快速法为基础的对每一级荷载进行加卸载循环法。该方法还可以测得循环荷载的残余下沉量和弹性变形。

## 四、试验步骤(慢速维持荷载法)

**(一)加载分级**

不同规范规定的加载分级标准有所差别,见表6-3。

**(二)沉降观测**

每级加载的观测时间规定为:每级加载后,每第5 min、10 min、15 min时各测读一次,以后每隔15 min读一次,累计1 h后每隔30 min测读一次,下沉未达稳定时不得进行下一级加荷。

**(三)稳定标准**

不同规范规定的沉降稳定标准见表6-3。

**(四)终止加载条件**

不同规范规定的具体条件有差别,见表6-3。

**表 6-3　单桩竖向静载荷试验(慢速维持荷载法)的技术要点**

| 要点 | 标准名称 | |
| --- | --- | --- |
| | 《建筑地基基础设计规范》(GB 50007—2011) | 《建筑桩基检测技术规范》(JGJ 106—2003) |
| 加载分级 | 加载分级不应小于 8 级,每级加荷量宜为预估极限荷载的 1/8 ~ 1/10 | 每级加载为最大加载量或预估极限荷载的 1/10,第一级可按 2 倍分级荷载加荷 |
| 沉降稳定标准 | 在每级荷载作用下,桩的沉降量连续两次在每小时内小于 0.1 mm 时可视为稳定 | 每小时的沉降量不超过 0.1 mm,并连续出现两次(从每级荷载施加后第 30 min 开始,由三次或三次以上每 30 min 的沉降观测值计算),认为已达到相对稳定 |
| 终止加载条件 | (1)荷载 $q$—沉降 $s$ 曲线上有可判定极限承载力的陡降段,且桩顶总沉降量超过 40 mm;<br>(2)在某级荷载作用下,桩的沉降量大于或等于前一级荷载作用下沉降量的 2 倍,且经 24 h 尚未达到稳定;<br>(3)25 m 以上的非嵌岩桩,$q$—$s$ 曲线呈缓变型态时,桩顶总沉降量大于 60 ~ 80 mm;<br>(4)在特殊条件下,可根据具体要求加载至桩顶总沉降量大于 100 mm。<br>当桩底支承在坚硬岩(土)层上,桩的沉降量很小时,最大加载量不应小于设计荷载的 2 倍 | (1)某级荷载作用下,桩的沉降量大于前一级荷载作用下沉降量的 5 倍;<br>(2)在某级荷载作用下,桩的沉降量大于或等于前一级荷载作用下沉降量的 2 倍,且经 24 h 尚未达到相对稳定;<br>(3)已达加载反力装置的最大加载量;<br>(4)已达到设计要求的最大加载量;<br>(5)当工程桩作锚桩时,锚桩上拔量已达到允许值;<br>(6)当荷载—沉降曲线呈缓变型时,可加载至桩顶总沉降量 60 ~ 80 mm,在特殊情况下,可根据具体要求加载至桩顶累计沉降量超过 80 mm |
| 试桩抗压竖向极限承载力取值条件 | (1)当 $q$—$s$ 曲线的陡降段明显时,取相应陡降段起点的荷载值;<br>(2)当出现本规范规定的终止加荷条件第二款情况时,取前一级荷载值;<br>(3)当 $q$—$s$ 曲线呈缓变型时,取桩顶总沉降量 $s$ = 40 mm 所对应的荷载值,当桩长大于 40 m 时,宜考虑桩身的弹性压缩;<br>(4)按上述方法判断有困难时,可结合其他辅助分析方法综合判定 | (1)对陡降型 $q$—$s$ 曲线,取曲线发生明显陡降的起始点对应的荷载值;<br>(2)对缓变型 $q$—$s$ 曲线,一般取 $s$ = 40 mm 对应的荷载;当桩长大于 40 m 时,宜考虑桩身弹性压缩量;对直径大于或等于 800 mm 的桩,可取 $s = 0.05D$($D$ 为桩端直径)对应的荷载值;<br>(3)取 $s$—$\lg t$ 曲线尾部出现明显向下弯曲的前一级荷载值;<br>(4)某级荷载作用下,桩顶沉降量大于前一级荷载作用下沉降量的 2 倍,且经 24 h 尚未达到稳定标准时,取前一级荷载值 |

### (五)卸载与卸载沉降观测

每级卸载值为每级加载值的 2 倍。每级卸载后隔 15 min 测读一次残余沉降,读两次后,隔 30 min 再读一次,即可卸下一级荷载,全部卸载后,隔 3 ~ 4 h 再读一次。

## 五、试验资料整理

### (一)试验记录

将试验成果整理成如表 6-4 所示的形式,并应对成桩和试验过程中出现的异常现象作必要说明。

**表 6-4　静压试验记录**

工程名称＿＿＿＿＿　地点＿＿＿＿＿　试桩编号＿＿＿＿＿　地质情况＿＿＿＿＿

沉桩方法及设备型号＿＿＿＿＿＿　桩的类型、截面尺寸及长度＿＿＿＿＿

桩的入土深度＿＿＿＿＿(m)　设计荷载＿＿＿＿＿(kN)　最终贯入度＿＿＿＿＿(mm/击)

加载方法＿＿＿＿＿＿　加载顺序＿＿＿＿＿＿

| 荷载编号 | 起止时间 | | | 间歇时间(min) | 每级荷载(kN) | 各表读数(mm) | | | 平均读数(mm) | 位移(mm) | | | 气温(℃) | 说明 |
|---|---|---|---|---|---|---|---|---|---|---|---|---|---|---|
| | 日 | 时 | 分 | | | 1 号 | 2 号 | | | 下沉 | 上拔 | 水平 | | |
| | | | | | | | | | | | | | | |
| | | | | | | | | | | | | | | |
| | | | | | | | | | | | | | | |
| | | | | | | | | | | | | | | |

其他记录：

### (二)绘制有关试验成果曲线

(1)为了确定单桩竖向极限承载力,一般应绘制桩顶荷载与桩顶沉降关系曲线 $q$—$s$、桩顶沉降随时间发展关系曲线 $s$—$\lg t$,如图 6-4、图 6-5 所示,以及其他辅助分析所需曲线。

(2)当同时进行桩身应力、应变和桩底反力测定时,尚应整理有关数据的记录表和绘制桩身轴力分布、侧阻力分布,桩端阻力—荷载、桩端阻力—沉降关系曲线。

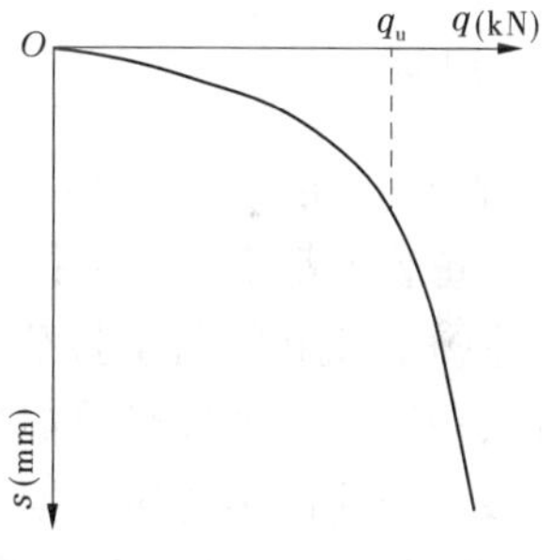


**图 6-4　试桩 $q$—$s$ 曲线**

## 六、单桩竖向抗压承载力特征值的确定

### (一)单桩竖向抗压极限承载力的确定

确定单桩抗压竖向极限承载力的条件见表 6-3。

### (二)单桩竖向抗压极限承载力统计值的确定

单桩竖向极限承载力的统计值应符合下列规定:

(1)参加统计的试桩,当满足其极差不超过平均值的 30% 时,取其平均值为单桩竖向抗压极限承载力统计值。

(2)当极差超过平均值的 30% 时,应分析极差过大的原因,结合工程具体情况综合确定。必要时可增加试桩数量。

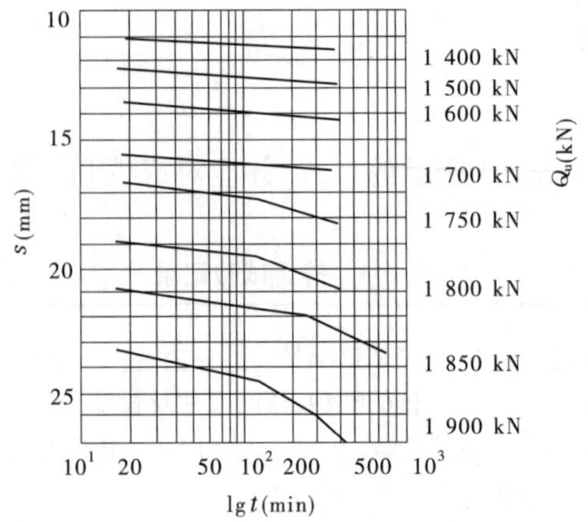


**图 6-5　试桩 $s$—lg$t$ 曲线**

(3) 对桩数为 3 根或 3 根以下的柱下承台，或工程桩抽检数量小于 3 根时，应取最小值。

**(三) 单桩竖向抗压承载力特征值的确定**

单桩竖向抗压极限承载力统计值除以安全系数 2，为单位工程同一条件下的单桩竖向抗压承载力特征值 $R_a$。

# 第二节　单桩竖向抗拔静载试验

## 一、概述

(1) 高层建筑的基础及高耸水塔的桩基、发射塔的锚缆、输电线塔杆的基础，以及许多工业设备装置都要承受上拔力，而多层地下室的底板也会承受较大的水的上浮力。桩基础是建(构)筑物抵抗上拔荷载的重要基础形式。迄今为止，桩基础上拔承载力的计算还没有从理论上得到很好的解决，在这种情况下，现场原位抗拔试验在确定单桩竖向抗拔极限承载力中的作用就显得相当重要。

(2) 单桩竖向抗拔静载试验是采用接近于竖向抗拔桩实际工作条件的试验方法，试验时通过测出试桩在不同的上拔荷载作用下对应的上拔稳定变形量，绘出上拔荷载 $U$ 和上拔量 $\Delta$ 之间的 $U$—$\Delta$ 关系曲线以及 $\Delta$—lg$t$ 关系曲线，来确定单桩竖向抗拔极限承载力。

## 二、仪器设备

单桩竖向抗拔静载试验装置如图 6-6 所示，它主要由加载装置和量测装置组成。

**(一) 试验加载装置**

一般采用液压千斤顶加载，其反力装置由锚桩和承载梁组成，试桩和承载梁用拉杆连接，将千斤顶置于两根锚桩之上，用千斤顶顶推承载梁，引起试桩上拔。试验时应尽量利用工程桩为反力锚桩，若以工程桩中的灌注桩作反力锚桩时，宜沿灌注桩桩身通长配筋，以免出现桩身破损。试桩与锚桩的最小间距可根据不同的规范要求，按表 6-1 或表 6-2

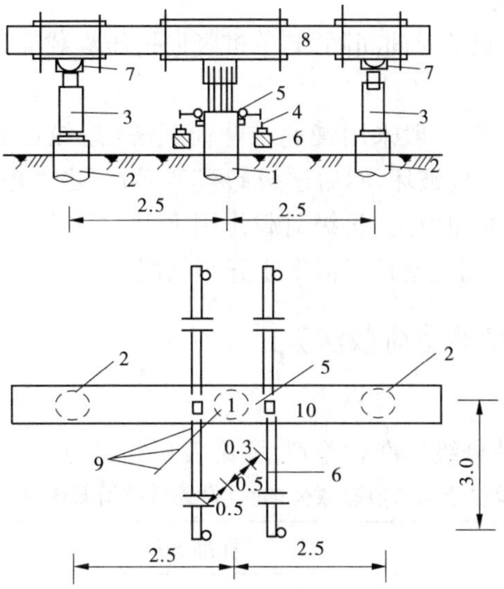


1—试桩;2—锚桩;3—液压千斤顶;4—表座;5—测微表;6—基准桩;7—球铰;

8—反力梁;9—地面变形测点;10—10 cm×10 cm 薄铁板

**图 6-6 单柱竖向抗拔静载试验示意图**

确定。

**(二)荷载与沉降量测仪表**

(1)抗拔荷载可用放置在千斤顶上的应力环、应变式压力传感器直接测定,或可采用联结于千斤顶的高精度标准压力表测定油压,并根据千斤顶荷载—油压率定曲线换算出实际荷载。千斤顶、应力环、压力传感器和压力表均要定期标定,液压系统应配有稳压装置。

(2)试桩上拔变形量一般采用大量程百分表测量,其布置方法与单桩竖向抗压静载试验相同。

## 三、试验方法

**(一)试桩要求**

(1)试桩桩身钢筋伸出桩顶长度不宜少于 $40d+500$ mm($d$ 为钢筋直径)。为设计提供依据的试验,试桩钢筋按钢筋强度标准值计算的拉力应大于预估极限承载力的 1.25 倍。

(2)试桩顶部露出地面高度不宜小于 300 mm。

(3)试桩的成桩工艺和质量控制应严格遵守有关规定。试验前应对试验桩进行低应变检测,有明显扩径的桩不应作为抗拔试验桩。

(4)试桩的位移量测仪表的架设位置与桩顶的距离不应小于 1 倍桩径,当桩径大于 800 mm 时,试桩的位移量测仪表的架设位置与桩顶的距离可适当减小,但不得小于桩径的 1/2。

(5)当采用工程桩作试桩时,桩的配筋应满足在最大试验荷载作用下桩的裂缝宽度控制条件，可采用分段配筋。

(6)从成桩到开始试验的时间间隔，与单桩竖向抗压静载荷试验的要求相同。

**(二)试验加载方式**

单桩竖向抗拔静载试验一般采用慢速维持荷载法(逐级加载，每级荷载达到相对稳定后加下一级荷载，直到试桩破坏，然后逐级卸载到零)。当考虑结合实际工程桩的荷载特征时，也可采用多循环加卸载法(每级荷载作用下上拔量达到相对稳定后卸载到零，然后加下一级荷载)，并要仔细观察桩身混凝土开裂情况。

## 四、试验步骤(慢速维持荷载法)

**(一)加载分级**

不同规范规定的加载分级标准有差别，详见表6-5。

**表6-5　单桩竖向抗拔静载荷试验(慢速维持荷载法)的技术要点**

| 要点 | 标准名称 | |
|---|---|---|
| | 《建筑地基基础设计规范》(GB 50007—2011) | 《建筑桩基检测技术规范》(JGJ 106—2003) |
| 加载分级 | 加载量不宜小于预估的或设计要求的单桩抗拔极限承载力，每级加载为设计或预估单桩极限抗拔承载力的1/8～1/10 | 每级加载为最大加载量或预估极限荷载的1/10，第一级可按2倍分级荷载加荷 |
| 上拔量稳定标准 | 在每级荷载作用下，桩的上拔变形量连续两次在每小时内小于0.1 mm时可视为稳定 | 每小时的沉降量不超过0.1 mm，并连续出现两次(从每级荷载施加后第30 min开始，由三次或三次以上每30 min的沉降观测值计算)，认为已达到相对稳定 |
| 终止加载条件 | (1)桩顶荷载达到桩受拉钢筋强度标准值的0.9倍，或某根钢筋拉断。<br>(2)某级荷载作用下，上拔变形量陡增且总上拔变形量已超过80 mm。<br>(3)累计上拔变形量超过100 mm。<br>(4)工程桩验收检测时，施加的上拔力应达到设计要求，当桩有抗裂要求时，不应超过桩身抗裂要求所对应的荷载 | (1)在某级荷载作用下，桩顶上拔量大于前一级上拔荷载作用下的上拔量5倍。<br>(2)按桩顶上拔量控制，当累计桩顶上拔量超过100 mm时。<br>(3)按钢筋抗拉强度控制，桩顶上拔荷载达到钢筋抗拉强度的9/10。<br>(4)对于验收抽样检测的工程桩，达到设计要求的最大上拔荷载 |

**(二)变形观测**

(1)单桩竖向抗拔静载试验时，除要对试桩的上拔量进行观测外，尚应对锚桩的上拔情况、桩周地面土的变形情况以及桩身外露部分的裂缝开展情况进行观测记录。

(2)试桩的上拔量观测，应在每级加载后，每第5 min、10 min、15 min时各测读一次，以后每隔15 min测读一次，累计1 h后每隔30 min测读一次，每次测读值记录在试验记录表中。

**（三）上拔量稳定标准**

不同规范规定的沉降稳定标准见表6-5。

**（四）终止加载条件**

不同规范规定的沉降稳定标准见表6-5。

**（五）卸载与卸载沉降观测**

每级卸载值为每级加载值的2倍。卸载后间隔15 min测读一次，读两次后，隔30 min再读一次，即可卸下一级荷载。全部卸载后，隔3 h再测读一次。

## 五、试验资料整理

**（一）试验记录**

单桩竖向抗拔静载试验概况、试验记录可参照表6-4的形式整理，并对成桩和试验过程中出现的异常现象作补充说明。

**（二）绘制有关试验成果曲线**

（1）绘制单桩竖向抗拔静载试验上拔荷载$U$和上拔量$\Delta$之间的$U—\Delta$关系曲线以及$\Delta—\lg t$关系曲线。

（2）当同时进行桩身应力、应变量测定时，尚应根据试验结果整理有关数据的记录表格，并绘制桩身应力、桩侧阻力随桩顶上拔荷载的变化曲线；必要时还可绘制桩土相对位移$\Delta'—U/U_u$（$U_u$为桩的竖向抗拔极限承载力）曲线，以了解不同入土深度对抗拔桩破坏特征的影响。

## 六、单桩竖向抗拔承载力特征值的确定

**（一）单桩竖向抗拔极限承载力的确定**

1. 陡变型

当测出的$U—\Delta$曲线为陡变型时：

（1）对陡变型的单桩竖向抗拔$U—\Delta$曲线，经大量试验结果表明，该曲线大致可分为三个阶段：第Ⅰ阶段为直线段，$U—\Delta$曲线是线性的，按正比例增加；第Ⅱ阶段为曲线段，随着桩土相对位移的增大，上拔位移量比侧阻力增加的速率快；第Ⅲ阶段又呈直线段，此时上拔荷载增加很小，但桩的位移量急剧上升，同时桩周地面往往出现环向裂缝，如图6-7所示。

（2）对陡变形$U—\Delta$曲线，取陡升起始点荷载即第Ⅲ阶段起始点所对应的荷载为桩的竖向抗拔极限承载力$U_u$。

2. 缓变形

当测出的$U—\Delta$曲线为缓变型时：

对缓变型$U—\Delta$曲线，可根据上拔量和$\Delta—\lg t$曲线的变化情况综合判定，一般取$\Delta—\lg t$曲线斜率明显变陡或曲线尾部明显弯曲的前一级荷载为竖向抗拔极限承载力，如图6-8所示。

3. 当出现抗拔钢筋断裂时

当在某级荷载下抗拔钢筋断裂时，取其前一级荷载值为竖向抗拔极限承载力。

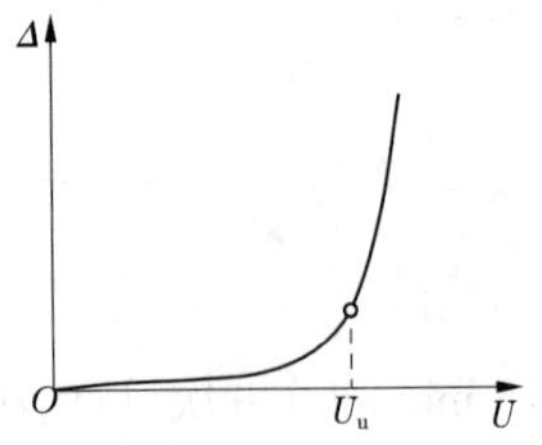


图 6-7　陡变型 $U—\Delta$ 曲线确定单桩竖向抗拔极限承载力

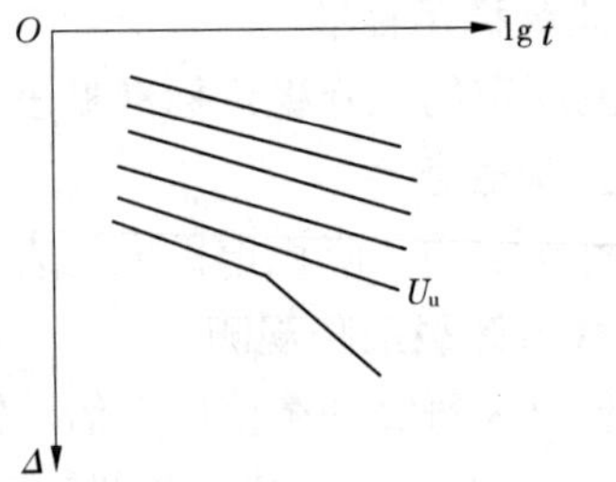


图 6-8　缓变型 $\Delta—\lg t$ 曲线确定单桩竖向抗拔极限承载力

**(二)单桩竖向抗拔极限承载力统计值的确定**

单桩竖向抗拔极限承载力的统计值应符合下列规定：

(1)参加统计的试桩，当满足其极差不超过平均值的 30% 时，取其平均值为单桩竖向抗拔极限承载力统计值。

(2)当极差超过平均值的 30% 时，宜增加试桩数量并分析极差过大的原因，结合工程具体情况确定极限承载力。

(3)对桩数为 3 根或 3 根以下的柱下桩台，应取最小值。

**(三)单桩竖向抗拔承载力特征值的确定**

单位工程同一条件下的单桩竖向抗拔承载力特征值应按以下方法确定：

(1)将单桩竖向抗拔极限承载力统计值除以 2，此时桩身配筋应满足裂缝宽度设计要求。

(2)当桩身不允许开裂时，应取桩身开裂的前一级荷载。

(3)按设计允许的上拔变形量所对应的荷载取值。

## 第三节　单桩水平静载试验

### 一、概述

单桩水平静载试验一般以桩顶自由的单桩为对象，采用接近于水平受力桩的实际工作条件的试验方法，来达到下列目的：

(1)确定、检验和评价单桩的水平承载力。单桩的水平承载力可直接由水平荷载 $H$ 和水平位移 $X$ 之间的关系曲线判定，亦可根据实测桩身应变来判定。

(2)确定单桩在各级水平荷载作用下桩身弯矩分布规律。当桩身埋设有应力测量元件时，可较精确地测定出桩身应力变化，并由此求得桩身弯矩分布情况，从而为检验桩身强度、推求不同深度处的弹性地基系数提供依据。

(3)确定弹性地基系数。在进行水平受力桩的受力分析计算时，弹性地基系数的选取至关重要。目前计算常用的 $C$ 法、$m$ 法和 $K$ 法各自假定了弹性地基系数沿深度的不同分布模式，而且都有各自的适用范围，通过试验，可以选择一种比较符合实际情况的计算模式和相应的地基系数。

## 二、仪器设备

单桩水平静载试验装置如图 6-9 所示,它主要由加载装置、反力装置和量测装置三部分组成。

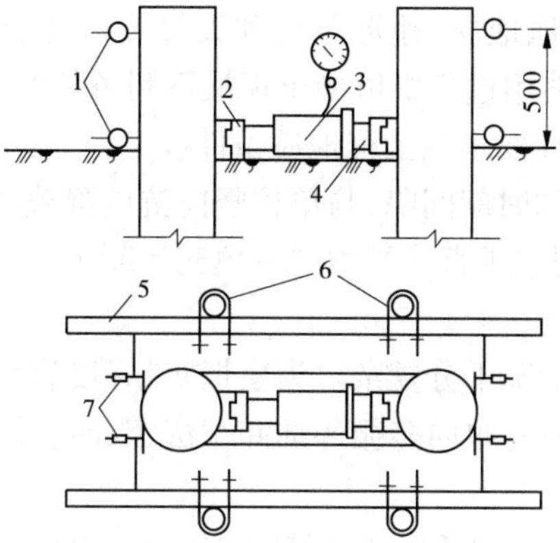


1—百分表;2—球铰;3—千斤顶;4—垫块;5—基准梁;6—基准桩;7—百分表

**图 6-9　单桩水平静载试验示意图**

### (一)试验加载装置

试桩一般采用卧式千斤顶加载,用测力环或测力传感器测定施加的荷载值。水平力作用线应通过地面标高处(地面标高应与实际工程桩基承台底面标高一致)。在千斤顶与试桩接触处宜安置一球形铰座,以保证千斤顶作用力能水平通过桩身轴线。试桩时,为防止荷载作用点处产生对桩身局部挤压破坏,须用钢垫块进行局部补强。

### (二)试验反力装置

试验反力装置的选用应充分利用试桩周围的现有条件,但必须满足其结构的承载能力应为预估最大试验荷载的 1.3～1.5 倍,其作用方向的刚度不应小于试桩本身的刚度。最常用的方法是两根试桩对顶,见图 6-8;还可在两根锚桩间固定一根横梁,使锚桩和横梁连成一个整体作为反力座;有条件时可利用周围现有的结构物作反力座,必要时可专门浇筑反力支座。

### (三)试验量测装置

桩的水平位移宜采用大量程百分表测量。每一试桩在力的作用水平面上和在该平面以上 50 cm 左右各安装 1～2 只百分表,下表测量桩身在地面处的水平位移,上表测量桩顶水平位移,根据两表位移差与两表距离的比值求得地面以上桩身的转角。如果桩身露出地面较短,可只在力的作用水平面上安装百分表测量水平位移。

固定百分表的基准桩宜打设在试桩侧面靠位移的反方向,与试桩的净距不小于 1 倍试桩直径。搁置在基准桩上的基准梁要有一定的刚度,以减少晃动。整个基准装置系统应保持相对独立,为减少温度对测量的影响,基准梁应采用简直形式,顶上有篷布遮阳。

测量桩身应力或应变时,各测试断面的测量传感器应沿受力方向对称布置在远离中性轴的受拉和受压主筋上;埋设传感器的纵剖面与受力方向之间的夹角不得大于 10°。在地面下 10 倍桩径(桩宽)的主要受力部分应加密测试断面,断面间距不宜超过 1 倍桩径;超过此深度,测试断面间距可适当加大。

## 三、试验方法

### (一)试桩要求

(1)试桩位置应根据场地地质、地形条件和设计要求综合考虑,选择有代表性的地点,一般应位于工程建设或使用过程中可能出现最不利条件的地方。

(2)试桩数量应根据设计要求及工程地质条件确定,一般不小于 2 根。

(3)从成桩到开始试验的时间间隔,与单桩竖向抗压静载试验的要求相同。

(4)若试桩为空心桩,则应于直接受力部位填充混凝土。

### (二)试验加载方式

实际工程中,桩的受力情况十分复杂。为模拟实际荷载形式,国内外出现了许多加载方式,但常用的加载方式一般有单向多循环加卸载法、双向多循环加卸载法和慢速维持荷载法三种。

(1)单向多循环加卸载法是工程中采用最多的一种方法,也是《建筑地基基础设计规范》(GB 50007—2011)和《建筑桩基检测技术规范》(JGJ 106—2003)推荐的加载方法。主要适用于船舶撞击力和水流冲击力对桩基码头的作用,风荷载对高层建筑物或高耸的化工装置下桩基的作用,列车制动荷载和风荷载的组合作用力对桥梁下面的桩基作用。

(2)双向多循环加卸载法主要适用于外海受波浪频繁作用的开敞式桩基码头和海上平台等工程。

(3)慢速维持荷载法主要用于长期受水平荷载作用的桩基,如受土压力作用的桥台下桩基础等。其变形稳定标准可参照竖向静载试验的要求进行。

## 四、试验步骤

### (一)单向多循环加卸载法

(1)加载分级。取小于预估水平极限承载力或最大试验荷载的 1/10 ~ 1/15 作为每级荷载的加载增量。根据桩径大小并适当考虑土层的软硬程度,对于直径 300 ~ 1 000 mm 的桩,每级荷载增量可取 2.5 ~ 20 kN。

(2)加载程序与位移观测。每级荷载施加后,恒载 4 min 测读水平位移,然后卸载至零,停 2 min 后测读残余水平位移,至此完成一个加、卸载循环,如此循环 5 次便完成一级荷载的试验观测。为保证试验结果的可靠性,加载时间应尽量缩短,测量位移的间隔时间应严格准确,试验不得中途停歇。

测量桩身应力或应变时,测试数据的测读应与水平位移测量同步。

### (二)慢速维持荷载法

慢速维持荷载法的加卸载分级、试验方法及稳定标准与单桩竖向抗压静载试验的相关要求相同。

### (三)终止试验条件

当出现下列情况之一时,即可终止试验:

(1)桩顶水平位移超过 20 ~ 40 mm,软土取 40 mm。

(2)桩身已经断裂。

(3)水平位移达到设计要求的水平位移允许值。

(4)在恒荷载作用下,水平位移急剧增加。

## 五、试验资料整理

### (一)试验记录

将单桩水平静载试验概况、试验成果整理成如表 6-6 所示的形式,并对成桩和试验过程中出现的异常现象作补充说明。

表 6-6　单桩水平静载试验记录

试桩号__________　　　　上下表距:____________

| 荷载(kN) | 观测时间(d h min) | 循环数 | 加载 | | 卸载 | | 水平位移(mm) | | 加载上下表读数差 | 转角 | 说明 |
|---|---|---|---|---|---|---|---|---|---|---|---|
| | | | 上表 | 下表 | 上表 | 下表 | 加载 | 卸载 | | | |
| | | | | | | | | | | | |
| | | | | | | | | | | | |
| | | | | | | | | | | | |
| | | | | | | | | | | | |
| | | | | | | | | | | | |

试验____________　记录____________　校核 __________　施工负责人__________

### (二)绘制有关试验成果曲线

(1)绘制单桩水平静载试验的水平荷载—时间—位移之间的关系曲线($H—t—x$ 曲线)、水平荷载位移梯度关系曲线($H—\Delta x/\Delta H$ 曲线),如图 6-10、图 6-11 所示。

(2)当桩身埋设应力量测元件时,尚应根据试验结果整理有关数据的记录表格,并绘制应力沿桩身分布和水平力—最大弯矩截面钢筋应力关系曲线($H—\sigma_g$ 曲线),如图 6-12 所示。

## 六、单桩水平承载力特征值的确定

### (一)单桩水平临界荷载的确定

单桩水平临界荷载是指桩身开裂,受拉区混凝土明显退出工作前的桩顶水平力,其值可按下列方法综合确定:

(1)取 $H—t—x$ 曲线出现突变(即相同荷载增量的条件下,出现比前一级明显增大的位移增量)点的前一级荷载为水平临界荷载 $H_{cr}$,见图 6-10。

(2)取 $H—\Delta x/\Delta H$ 曲线第一直线段的终点所对应的荷载为水平临界荷载 $H_{cr}$,见图 6-11。

(3)当有钢筋应力测试数据时,取 $H—\sigma_g$ 曲线第一突变点对应的荷载为水平临界荷载 $H_{cr}$,见图 6-12。

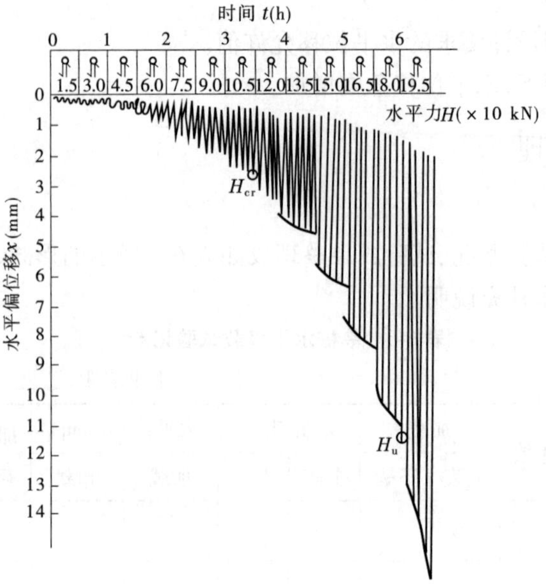


图 6-10　单桩水平静载试验 $H$—$t$—$x$ 曲线

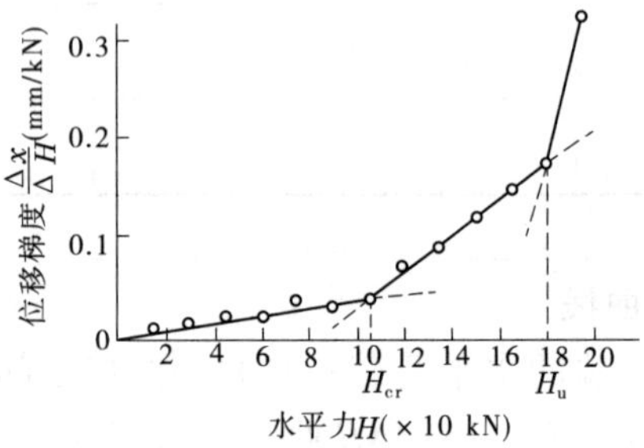


图 6-11　单桩水平静载试验 $H$—$\Delta x/\Delta H$ 曲线

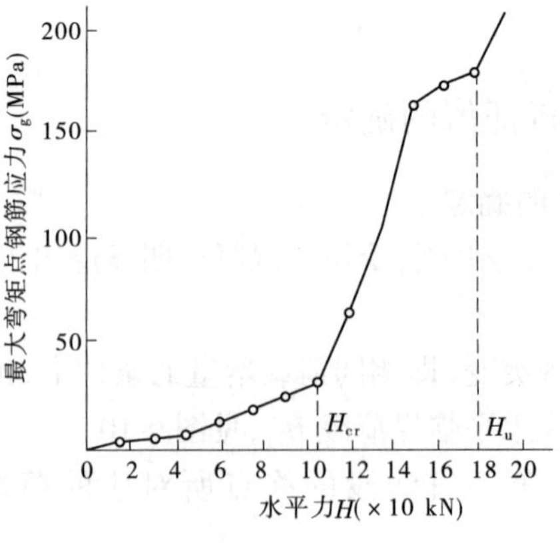


图 6-12　单桩水平静载试验 $H$—$\sigma_g$ 曲线

**（二）单桩水平极限荷载的确定**

单桩水平极限荷载可根据下列方法综合确定：

（1）取 $H—t—x$ 曲线明显陡降的前一级荷载为水平极限荷载 $H_u$，见图 6-10。

（2）取 $H—t—x$ 曲线各级荷载下水平位移包线向下凹曲的前一级荷载为水平极限荷载 $H_u$，见图 6-10。

（3）取 $H—\Delta x/\Delta H$ 曲线第二直线段的终点所对应的荷载为极限荷载 $H_u$，见图 6-11。

（4）取桩身折断或钢筋应力达到流限的前一级荷载为极限荷载，见图 6-12。

（5）按上述方法判断有困难时，可结合其他辅助分析方法综合判定。

**（三）单桩水平极限承载力统计值的确定**

单桩水平极限承载力的统计值应符合下列规定：

（1）参加统计的试桩，当满足其极差不超过平均值的 30% 时，可取其平均值为单桩水平极限荷载统计值。

（2）极差超过平均值的 30% 时，宜增加试桩数量并分析极差过大的原因，结合工程具体情况确定单桩水平极限荷载统计值。

**（四）单桩水平极限承载力特征值的确定**

1.《建筑地基基础设计规范》（GB 50007—2011）的规定

（1）当桩身不允许裂缝时，取水平临界荷载统计值的 75% 为单桩水平承载力特征值。

（2）当桩身允许裂缝时，将单桩水平极限荷载统计值除以安全系数 2 为单桩水平承载力特征值，且桩身裂缝宽度应满足相关规范要求。

2.《建筑桩基检测技术规范》（JGJ 106—2003）的规定

（1）当水平极限承载力能确定时，应按单桩水平极限承载力统计值的一半取值，并与水平临界荷载相比较取小值。

（2）当按设计要求的水平允许位移控制且水平极限承载力不能确定时，取设计要求的水平允许位移所对应的水平荷载，并与水平临界荷载相比较取小值。

（3）除按以上两条规定外，当水平承载力按设计要求的水平允许位移控制时，可取设计要求的水平允许位移对应的水平荷载作为单桩水平承载力特征值，但应满足有关规范抗裂设计的要求。

## 七、地基土水平抗力系数的比例系数 $m$ 的确定

当桩顶自由且水平力作用位置位于地面处时，地基土水平抗力系数的比例系数 $m$ 可根据试验结果按下式计算：

$$m = \frac{(\nu_y \cdot H)^{\frac{5}{3}}}{b_0 Y_0^{\frac{5}{3}} (EI)^{\frac{2}{3}}} \tag{6-1}$$

$$\alpha = \left(\frac{m b_0}{EI}\right)^{\frac{1}{5}} \tag{6-2}$$

式中 $m$——地基土水平抗力系数的比例系数，$kN/m^4$；

$\alpha$——桩的水平变形系数，$m^{-1}$；

$\nu_y$——桩顶水平位移系数；

$H$——作用于地面的水平力，kN；

$Y_0$——水平力作用点的水平位移，m；

$EI$——桩身抗弯刚度，$kN \cdot m^2$，其中 $E$ 为桩身材料弹性模量，$I$ 为桩身换算截面惯性矩；

$b_0$——桩身计算宽度，m，$b_0$ 按以下规定取值：

对于圆形桩：当桩径 $D \leqslant 1$ m 时，$b_0 = 0.9(1.5D + 0.5)$；当桩径 $D > 1$ m 时，$b_0 = 0.9(D + 1)$。

对于矩形桩：当边宽 $B \leqslant 1$ m 时，$b_0 = 1.5B + 0.5$；当边宽 $B > 1$ m 时，$b_0 = B + 1$。

由式(6-2)计算 $\alpha$，对 $\alpha h \geqslant 4.0$ 的弹性长桩（$h$ 为桩的入土深度），取 $\nu_y = 2.441$；对 $2.5 < \alpha h < 4.0$ 的有线长度中长桩，应根据表 6-7 调整 $\nu_y$，重新计算 $m$ 值。

**表 6-7　桩顶水平位移系数 $\nu_y$**

| 桩的换算埋深 $\alpha h$ | 4.0 | 3.5 | 3.0 | 2.8 | 2.6 | 2.4 |
|---|---|---|---|---|---|---|
| 桩顶自由或铰接时的 $\nu_y$ 值 | 2.441 | 2.502 | 2.727 | 2.905 | 3.163 | 3.526 |

注：当 $\alpha h > 4.0$ 时，取 $\alpha h = 4.0$。

# 第七章 土工综合技能训练及良好职业道德的培养

## 第一节 良好职业道德及行业道德规范

### 一、道德及职业道德

道德是人类最古老的行为准则，它伴随着人类社会的发展而发展，是做人的根本，也是社会文明的基本标准之一，一切人的活动和关系，都直接或间接地具有某种道德价值。我国古代大教育家孔丘就在《论语》中集中论述了当时社会中人与人之间的道德范畴、道德原则和各种行为规范。随着历史的发展、经济的繁荣、理论水平的提高，道德规范的内容也在不断补充和发展。当今社会加强我国公民的道德建设，是发展先进文化的重要内容和中心环节，也是科学治国的一项重要措施，为此中共中央于 2001 年 9 月向全社会印发了《公民道德建设实施纲要》，将我国公民应当遵循，需要全社会大力提倡的基本道德规范概括为"爱国守法、明礼诚信、团结友善、勤俭自强、敬业奉献"。大力提倡这些道德规范，是当前我国公民道德建设的一个重点工程。

人们为了生存和发展，必然要从事某种职业，职业是劳动者获得的社会角色。职业作为一种社会现象，对整个社会的道德传统产生着重大影响，职业道德则是同人们的职业活动紧密联系的符合职业特点所要求的道德准则、道德情操与道德品质的总和，职业道德既是从业人员在职业活动中的行为标准和要求，又是行业对社会所负的道德责任与义务，是指人们在职业生活中应遵循的基本道德及一般社会道德在职业生活中的具体体现，职业道德属于自律范围，它通过公约、守则等对职业生活中的某些方面加以规范。良好职业道德的形成，是整个道德建设的基础，良好职业道德是调节职业利益关系的重要手段，对人们的职业活动起着积极导向和激励作用。

### 二、勘察行业职工道德规范

社会主义职业道德基本规范与行业职业道德规范是共性与个性、一般与特殊的关系。勘察行业职工道德规范就是勘察行业人员在职业活动中应当遵循的道德准则和标准，它是社会主义职业道德基本规范在勘察行业的展开和具体化。建筑行业是国民经济的支柱产业之一，属于劳动密集型行业，勘察设计又是工程建设的重要环节，勘察是设计的基础。结合行业的具体特点，为营造一种"以德治企、崇德为尚"的气氛，中国建设职工思想政治工作研究会工程勘察分会还制定了《勘察行业职业道德规范》，规范具体内容为：

(1)诚信为本。就是坚持公平交易原则、透明原则和非歧视性原则，重合同，守信誉，真诚对待客户，竭诚为用户提供优质高效的服务，不篡改、伪造各种试验数据，不弄虚作假。

(2)质量第一。就是要求树立“千年大计,国运所系”的质量观念,注重社会效益,不粗制泛滥,不偷工减料,严把工程质量关。

(3)崇尚科学。就是要实事求是,按照科学规律办事,用科学的手段和方法进行勘察、设计和施工,按照国家标准和行业规范的要求对待每一项工程,各类检测资料真实、准确、齐全,确保“最终产品”的精度和质量。

(4)追求卓越。就是要高标准、严要求,树立品牌意识,努力追求一流的服务、一流的质量、一流的信誉,多创优质工程,多出精品;要紧跟时代步伐,树立全方位的创新意识,要思维创新、观念创新、管理创新、制度创新、文化创新、技术创新和服务创新,注重学习并应用新技术、新方法、新工艺,不断优化设计。

(5)爱岗敬业。就是要以为人民服务、奉献社会为宗旨,以集体主义为原则,在为企业创造经济效益、实现社会效益的过程中体现自我价值。

(6)团结协作。就是要弘扬团队精神,讲合作,讲“共赢”,充分发挥每一个成员的积极性和创造性,集思广益,取长补短,发挥集体的智慧。

(7)遵纪守法。就是要严格执行国家颁布的有关规范、规程,依法办事,依法从业,不无证勘察,不越级勘察,不出卖资质证书和图章。

(8)公平竞争。就是要靠实力、重质量、凭服务承揽工程,严格遵守行业的有关法律、法规,公开竞争,不搞竞相压价。

“诚信为本、质量第一、崇尚科学、追求卓越、爱岗敬业、团结协作、遵纪守法、公平竞争”上述32个字,客观、全面、系统地反映了勘察行业从业人员和从业单位所应遵循的基本道德准则,它从不同的侧面体现了勘察行业的特色和与时俱进的时代精神。

## 三、全国勘察行业职工道德准则

为了不断提高执业人员职业水平和主人翁精神,中国勘察设计协会2002年特制定了《勘察行业职工道德准则》,其内容包括:

(1)遵纪守法,自觉接受和服从管理,做到令行禁止,恪尽职守。

(2)树立高度责任感,精心勘察、精心设计、精心管理,保证质量,做到万无一失。

(3)敬业爱岗,无私奉献,一心为公,做好本职工作。

(4)解放思想,实事求是,敢于创新,热情服务,主动配合,发扬团队协作精神。

(5)从全局出发,抵制不正之风,恪守市场规则,自觉做到不强行介绍施工单位和指定厂商,不私自收取中介费、好处费;不无故拖延解答工程中碰到的问题;不得违反建设标准规范;不剽窃、抄袭和侵犯他人的知识产权。

(6)加强行为自律,廉洁执业,洁身做人,自觉维护行业和单位的名誉。

(7)中国勘察设计协会和各部门、各地方同行业协会组织,对本准则实行共同监督,对卓有贡献者,给予表彰,对违规者给予批评或全行业通报,直至建议延期或取消执业考试资格,已经取得执业资格者暂停或取消其个人执业注册资格。

## 第二节　职业道德与个人发展

### 一、社会主义职业道德的构成要素

社会主义职业道德有着极其丰富的内涵。综合起来看，社会主义职业道德大体上由职业理想、职业态度、职业责任、职业技能、职业纪律、职业良心、职业荣誉和职业作风八个基本要素构成。这八个特定方面反映出社会主义职业道德的特定本质和规律，同时又相互配合，形成一个严谨的职业道德规范范畴模式。

**（一）职业理想**

理想是人类特有的一种精神现象，是人生的奋斗目标，是对未来的向往和追求，理想包括社会理想、道德理想、生活理想和职业理想。职业理想是指人们对自己未来职业的选择和向往，以及在职业活动中所追求的事业成就和奋斗目标，有时也指职业集体对职业（或事业）发展的美好前景的预见和设想。职业理想是职业道德的灵魂，在职业生活中，只有树立崇高的、合理的职业理想，才能正确对待自己从事的职业，才能敬业、乐业、勤业，在职业工作中表现出良好的道德品质。

**（二）职业态度**

职业态度就是劳动态度。它是指人们在从事各种职业活动过程中的举止神情和对于自己所从事的职业的看法以及所采取的行动。劳动态度是职业劳动者对社会、对其他生产参加者履行各种劳动义务的基础。

社会主义职业道德对职业态度的要求：

（1）职业态度要端正。社会主义公有制下，劳动是每一个有劳动能力的公民应尽的义务和光荣职责。每个人都应该正确对待劳动，树立主人翁的劳动态度，吃苦耐劳，要具备从事劳动的光荣感和自豪感。

（2）职业态度要谦和。就是对人要谦虚和蔼，无论从事任何事，使人感到友善，感到愉快。

（3）职业态度要诚实。就是要在从事职业中诚实守信，讲实话，要诚实，做人老实。

（4）克服职业态度中的不道德行为。运用教育的方式和法制手段，同职业态度中的不道德行为进行不懈斗争，大力加强职业道德建设，端正职业态度。每个人要从自身做起，严格要求自己，自觉遵守职业道德规范。

**（三）职业责任**

职业责任就是指行业和从事一定职业的人们对社会和他人所负责。职业责任包括企业责任和劳动者责任两个大的方面。每一个企业都对社会和其他企业担负着一定的任务职责，每一个从业人员对本职工作承担着一定的职业责任和义务。从业人员只有认识到自己职业所承担的责任，把它变成自己内心的道德情感和信念，才能自觉自愿地从事本职工作，表现出良好的职业道德行为。

**（四）职业技能**

职业技能是指从业人员从事职业劳动和完成岗位工作应具有的知识文化水平、技术熟练程度和解决问题的各种能力。它是从事职业工作的重要条件，是职业工作者实现职业理想、追求高尚职业道德的具体内容。从业人员要适应形势发展的需要，跟上时代前进的步伐，就必须努力学习科学文化知识，掌握与本职工作有关的技能和专业知识，刻苦钻研业务，勇于实践，不断创新。

**（五）职业纪律**

职业纪律是一定社会、阶级、阶层和集团所确定用以维护他们的利益约束人们行为的带有强制性的命令条例制度规定等准则。职业纪律是保证职业活动正常开展的手段，职业纪律要求我们不断强化职业意识，从一点一滴的小事做起，持之以恒为社会主义建设做出贡献。另外，建筑行业人员对设计、施工、管理等工作的各项规章、规范都要严格遵守，一旦违反，要严肃处理，努力培养遵守法纪法规的观念和岗位责任感。

**（六）职业良心**

职业良心就是职业劳动者对职业责任的自觉意识，是蕴含在人们内心深处的一种意识活动，职业良心区别于职业责任的明显特征，在于它是一种"道德自律"，是存在于内心的自我道德信念和要求。职业良心在人们的职业生活中有着巨大的作用，它左右着人们职业道德的各个方面。在职业行为行进中，职业良心能够起到监督作用，对道德的行为予以肯定，对不道德的行为给予调整和改正。

**（七）职业荣誉**

职业荣誉就是对职业行为的社会价值所作出的公认的客观评价及正确的主观认识。职业荣誉包括两方面的内容：一是客观评价，是指社会对一个人履行义务的德行和贡献的赞赏与评价，是职业行为的价值体现或价值尺度；二是客观认识，是指劳动者对自己职业活动所具有的社会价值的自我意识，也就是职业良心中的知耻心、自尊心和自爱心，当个人的行为受到社会的赞许和公认时，会感到荣耀。一个人正确的荣誉观念一旦形成，不仅表明他已经把履行一定的职业道德义务变成内心信念和自我要求，而且表明他能自觉地按照客观要求去履行职业义务，宁愿作出自我牺牲，也不会违背职业良心，做出可耻和损害人格的事情。

**（八）职业作风**

职业作风是指从业人员在职业实践和职业生活中所表现的一贯态度和言行。职业作风是职业道德在从业者实际行动中的习惯表现，人们一旦形成良好的职业作风，就能在其职业活动中自觉按照职业道德规范的要求行事，表现出良好的职业道德品质。良好的职业作风，对于提高职业道德修养、加强职业道德建设具有重要作用。

## 二、职业道德是个人成功的保证

人的发展离不开劳动，劳动创造了人，人的本质就是自由、自觉地劳动，职业是人谋生的手段，人必须依赖职业活动才能维持自身的生存取得自身的发展，职业活动是人全面发展的重要条件。职业活动中职业道德是事业成功的保证，是事业成功的重要条件，一个人的成功固然需要知识和智慧，但如果对自己所从事的工作没有极大的热情，没有持之以恒、艰苦奋斗的敬业精神以及开拓创新的进取精神和冒险精神，即使再聪明的人也会与成功失之交臂。无论什么人,只要他想成就一番事业,就离不开道德情感、道德态度、道德良心、道德意志、道德责任、道德理想的帮助和支持,如果一个人有德无才或者有才无德,都可能会四处碰壁,只有德才兼备才会畅通无阻。有了良好的职业道德,就会从职业活动中体会到人生的乐趣、实现人生价值,促进自身发展。

职业道德反映一定的经济要求,当职业道德具体体现在一个人的职业生活中的时候,它就具体内化并表现为职业品格。职业品格包括职业进取心、责任感、意志力、创新精神等。这些品质的发挥程度与精神生活的充实程度和事业的成功程度紧密相连,每个成功的人往往都有较高的职业道德,职业道德是人格升华的重要途径。

## 三、道德修养及提高道德修养的过程

道德修养是一个贯穿人生的过程,但又有一定的阶段性。在道德修养的某个方面、某个阶段,一般要经历道德认识的提高,从而形成道德情感,经过道德意志的锻炼,确立道德信念,最终外化为自觉的道德行动。具体阶段如下:一是提高道德认识,即是经过人们对一定社会或阶级关于道德的理论、原则和规范的确立和掌握,形成一个从感性认识上升到理性认识的道德认识过程;二是升华道德情感,即人们依据一定的道德认识对现实生活中的道德关系和道德行为产生的爱憎、好恶等心理体验和情绪情感体验。把道德情感不断升华到对工作、岗位、事业、祖国的热爱上,并使之成为一种稳定持久的、强烈的、积极的、高尚的道德情感;三是锻炼道德意志,即人们在履行道德义务和承担道德责任的过程中表现出来的一种坚不可摧的努力和精神,坚强的意志才能守住道德修养的底线;四是增强道德信念,即人们对道德理论、道德人格、道德原则、道德规范的正确性和正义性深刻、持久、稳定而有根据的笃信,以及由此产生的对某种道德义务的强烈责任感;五是强化道德行为,即人的品德作评价依据的外在具体表现,一定的道德准则选择正确的道德行为,一般来说,道德的行为是有利于他人和社会的行为,反之则为不道德行为,道德行为是评价一个人道德品质高低的重要标志。只有自觉遵循道德品质形成和发展的规律,努力提高道德认识,在日常的道德实践中不断把道德升华为道德情感和意志,内化为坚强持久的道德信念,进而把道德认识、情感、意志、信念外化行为,养成良好的道德习惯,才能提高道德修养水平。

## 四、职业道德修养及加强道德修养的途径

职业道德修养指从事各种职业活动的人员,按照职业道德基本原则和规范,在职业活动中所进行的自我教育、自我改造、自我完善,使自己形成良好的职业道德品质和达到一定的职业道德境界。职业道德修养内容十分丰富,其核心内容就是社会主义职业道德规范的要求,可归纳为思想政治素质、品德素质、文化素质、身心素质,加强道德修养的途径:

(1)学习优秀人物的高尚职业道德,发挥榜样的激励和带头作用。榜样的力量是无穷的,学习先进模范人物的高尚品德和崇高精神,使之在全社会发扬光大,成为激励和鼓舞广大群众前进的精神力量,是社会主义精神文明建设的重要内容,也是从业人员加强职业道德修养,提高自身职业道德水平的必由之路。

(2)学习中国传统职业道德的精华,借鉴外国职业道德的合理因素,我国传统职业道德提倡“慎独”,强调道德原则是一时一刻也不能离开的,时时刻刻检查自己的行为,一个有道德的人在独自一人,无人监督时,也是小心谨慎地不做任何不道德的事,“慎独”既是加强职业道德修养的行之有效的重要方法和途径,也是一种崇高的思想道德境界。在提倡“慎独”的同时,提倡“积善成德”。强调精心保持自己的善行,精心地培养自己心中开始出现的共产主义道德观念和品质的幼芽,使其不断积累和壮大。在职业道德修养领域中善恶之别,泾渭分明。善虽小,仍然不失其为善;恶虽小,也终究是恶。所以,从业人员对自己任何不符合职业道德的言行,都务必注意克服,将其消灭在萌芽状态之中。

(3)积极投身实践,让敬业精神在职业实践中闪光。实践是职业修养的关键环节,通过实践活动,职业道德认识和职业道德情感转化为职业动机和机能,在实践活动中体会职业道德行为,体验遵守职业道德规范的情感。通过职业道德的实践活动,可以使职业道德品质的知、情、意、行得到统一,可以完成职业道德知识和行为的辨别与选择,使职业道德原则和规范内化为坚定的道德信念。

## 第三节　土工综合技能训练

### 一、土工综合技能训练的目的

根据土力学与地基基础课程学习领域技能培养目标与学习工作任务,将课程中的土工试验部分进行综合技能训练,训练以工作过程为导向,创设学习情境及工作任务,把各土工试验项目与实际工程相联系、并强调各试验项目间的相互联系,突出土工试验是为了解决工程实际问题,突出土工试验在施工勘察中的应用。以工作过程为导向,工学结合的实践环境,按实际工作去要求学生,使学生能触景生情,感受职业气氛,端正职业态度,提高职业责任心,更好地进行职业道德修养教育。

团结互助是集体主义道德原则和新型人际关系在行业活动中的具体体现,它是调节从业人员之间的重要道德规范,综合技能训练将学生划分为若干团队,团队根据工作任务和职业技能目标,自己设计、自己策划、完成学习工作任务,团队组员一起看教材、查资料,讨论分析,互相协作,从而培养团队精神、集体主义观念和团结协作的职业素养。工作过程为导向使学生体验了技术操作的氛围,给每个组员留下一个发挥主观能动性、创造性的思考空间,提高学生发现问题、讨论问题、分析问题、解决问题的能力。

综合技能训练考核是对知识、技能、态度、能力的综合测评,从而培养学生的职业纪律观念、品质素质、文化素质、身心素质。

### 二、土工综合技能训练的基本要求

根据培养目标,综合技能训练的基本要求见表7-1。

**表 7-1　综合技能训练的基本要求**

| 工作任务 | 职业能力 | 基本要求 | 相关试验 | 思考及知识扩展 |
| --- | --- | --- | --- | --- |
| 土的基本物理性质指标的检测及土的工程分类 | 能进行土的基本物理性质指标的测定；能对土进行工程分类 | 1. 明确各物理性质指标定义，掌握密度、含水率、土粒比重试验的方法及操作技能；熟练掌握土的物理性质指标的概念及相互间的换算关系，理解各项指标在工程中的作用。<br>2. 掌握细粒土的液、塑限试验方法及操作技能；理解土的物理状态指标的概念及其应用，掌握土的物理状态评价的方法。<br>3. 掌握颗粒分析试验的试验方法及操作技能；通过颗粒分析试验绘出颗粒级配曲线，用颗粒级配曲线判断颗粒级配的优劣，能对土体分类定名 | 1. 土样制备。<br>2. 密度试验。<br>3. 含水率试验<br>4. 比重试验。<br>5. 液、塑限试验。<br>6. 颗分试验（筛分法、密度计法） | 1. 工程勘察及野外取样、记录、编号、包装、运输；<br>2. 土的野外定名及描述；<br>3. 原状土、扰动土、杂填土、素填土、有机土的概念；<br>4. 土的各种物理性质指标在工程中的应用；<br>5. 土中的水有几种存在状态，不同状态的土的特征及这些特征对土的工程性质的影响 |
| 击实试验及土方工程压实质量的控制与检测 | 确定土的最大干密度和最优含水率；能进行土方工程压实质量的控制与检测 | 掌握击实试验的方法及操作技能，绘制击实曲线；理解土的击实性的影响因素；填土压实质量控制 | 1. 击实试验。<br>2. 现场密度试验（环刀法、灌砂法） | 1. 轻型击实和重型击实试验方法在工程中的选用；<br>2. 击实曲线与饱和曲线的关系；<br>3. 碾压考虑因素，碾压土层检测位置的确定；<br>4. 压实度的概念及压实质量的评定；<br>5. 粗粒土的压实性 |
| 土的渗透系数的检测及土的渗透变形的防治 | 进行土的渗透系数检测、能进行渗漏与渗透变形的判断 | 理解达西定律，掌握土的渗透试验（常水头法和变水头法）的试验方法及操作技能；理解渗透系数的物理意义；了解临界水力坡降的确定方法与渗透变形形式的判断；土的渗透变形防治 | 1. 常水头渗透试验。<br>2. 变水头渗透试验 | 1. 临界水力坡降、逸出水力坡降、允许水力坡降；<br>2. 流土、管涌的概念；<br>3. 工程中渗透变形的防治措施 |

续表 7-1

| 工作任务 | 职业能力 | 基本要求 | 相关试验 | 思考及知识扩展 |
| --- | --- | --- | --- | --- |
| 土的压缩指标的测定 | 土的压缩试验及土的指标的测定 | 掌握土的固结试验操作技能；熟练掌握压缩曲线的绘制、压缩指标的确定及判断土压缩性的标准，会利用 $e—p$ 曲线及压实指标计算地基最终变形量 | 固结试验 | 1. 影响土的压缩性的主要因素；<br>2. 仪器变形量的检测及确定方法；<br>3. 土的弹性变形和塑性变形；<br>4. 先期固结压力代表什么意义，应力历史对土的压缩性的影响；<br>5. 饱和土体的渗透固结历史；<br>6. 地基沉降量的计算 |
| 土体强度指标的测定 | 能检测土的抗剪强度参数 | 掌握土的直剪试验的方法及操作技能，理解三轴试验、无侧限抗压强度试验的方法；在工程中能正确选用试验方法和强度指标 | 1. 直剪试验。<br>2. 三轴试验（根据具体情况可以做演示试验） | 1. 土的抗剪强度的试验方法有哪些，直剪仪、三轴压力仪及无侧限抗压仪各自的原理和优缺点及在实际过程中的方法选用；<br>2. 土体的抗剪强度规律及受剪面的破坏准则；<br>3. 土的极限平衡条件；<br>4. 有效应力强度指标、总应力强度指标及砂土的液化；<br>5. 峰值强度、残余强度；<br>6. 土的灵敏度和触变性；<br>7. 地基强度的验算 |

## 三、综合技能训练的日程安排

为了达到学习领域技能培养目标与学习任务，在有限的时间内顺利完成工作任务，做好试验项目，考虑各项任务和各团队试验的交叉，综合技能训练的具体时间安排见表 7-2，可根据实际情况作适当调整。

**表 7-2　土力学综合技能训练日程安排**

| 时间(二周) | | 内容 |
|---|---|---|
| 第一天 | 上午 | 1. 结合试验指导书,了解综合技能训练的内容和要求;<br>2. 根据综合技能训练内容,各团队讨论,制订试验计划,收集相关资料、查看规范,了解土工试验及土力学知识在工程中的应用(收集资料、查看规范,可结合教材利用互联网和专业杂志) |
| | 下午 | 各团队准备土样:<br>1. 制备击实试验土样;<br>2. 调制液、塑限试验用土;<br>3. 完成密度计法试样浸泡步骤 |
| 第二天 | 上午 | 1. 做击实试验;<br>2. 模拟原状土柱制备土样:<br>(1) 测其密度、含水率;<br>(2) 环刀取土制备试样(剪切试样四个、固结试样一个 ,玻璃片盖好,并放置于密封容器中;渗透试样一个,并进行抽气饱和) |
| | 下午 | 做液限试验、塑限试验(液塑限联合测定法、搓条法) |
| 第三天 | 上午 | 称量击实试验、含水率试验、液塑限试验的烘干土盒,完成击实试验、含水率试验、液塑限试验 |
| | 下午 | 做比重试验、颗粒分析试验(密度计法) |
| 第四天 | 上午 | 1. 固结试验 (快速法);<br>2. 完成颗粒分析试验的密度计法试验 |
| | 下午 | 完成颗粒分析试验(筛分析、密度计法) |
| 第五天 | 上午 | 完成固结试验 |
| | 下午 | 1. 整理试验成果;<br>2. 讨论总结补做出现问题试验 |
| 第六天 | 上午 | 做直剪试验 |
| | 下午 | 演示三轴、无侧限抗压强度试验 |
| 第七天 | 上午 | 做变水头渗透试验 |
| | 下午 | 做常水头渗透试验 |
| 第八天 | 上午 | 做灌砂试验的标定(标定灌砂筒锥体质量、标准砂密度) |
| | 下午 | 做现场压实度试验(环刀法、灌砂法) |
| 第九天 | 上午 | 1. 整理试验成果<br>2. 补做出现问题的试验 |
| | 下午 | 讨论、总结、互评(团队间互评、团队内部互评) |
| 第十天 | 上午 | 考核 |
| | 下午 | 考核 |

**注:**1. 实验室帮助烘干、风干、抽气饱和土样,但同学们应清楚相关要求。

2. 试验过程中要注意试验成果的及时整理,发现问题及时处理、补做。

## 四、土工综合技能训练的考核办法

训练成绩是对学生知识、技能、态度、能力的综合测评，考核成绩按优(90 分以上)、良(80 ~ 89 分)、中(70 ~ 79 分)、及格(60 ~ 69 分)、重修(60 分以下)五个等级评定，考核内容包括：试验态度，理论考核、口试及试验操作，成果报告(包括问题分析、建议、设想)。技能训练成绩单独评定。

**(一)试验态度成绩(10 分)**

试验态度就是劳动态度或职业态度，职业态度可以体现一个人的精神境界和道德风貌。土工综合技能训练要求学生态度要端正，要爱岗敬业、诚实守信，要以严谨的科学态度在技术的氛围内完成技能训练，技能训练过程中能做到勤于思考，善于动手，遵守纪律，按时参加技能训练，要保证职业责任的履行，要爱护公物(设备若有损坏，应根据损坏的程度和具体情况按有关规定赔偿)，试验后能及时清洁试验设备和试验环境。试验态度成绩可在团队间互评、团队内部互评的基础上，由指导教师评定。

**(二)理论考核、口试及试验操作成绩(30 分 +30 分)**

理论考核结合行业试验员考试大纲和内容，组织学生笔试或机试(卷面 120 分按 30 分折算)。

口试及试验操作考察学生对试验目的是否明确，是否熟悉相关的仪器设备及工作原理，考核操作步骤是否正确，操作方法是否符合规范要求，读取数据是否准确，记录是否符合要求，对试验数据的处理方法是否符合有关规定，并结合试验考核扩展所学理论知识及应用能力。口试及试验操作得分，通过指导教师对学生理论口试和实践操作考核情况评定成绩(30 分)。

**(三)成果报告及成果分析成绩(30 分)**

要求自己编写成果报告，每人一份，原始记录必须保持“原始”特性(原始记录是出具试验报告的依据，是质量活动的见证文件，客观、真实、准确和及时做好各种记录及记录的保存，是试验人员必须遵守的准则)，记录要如实记载，不许随意更改，不许删减，试验监测原始记录不得使用铅笔和圆珠笔填写，内容应填写完整，原始记录如果确需更改，作废数据应画两条水平线，将正确数据填于上方，且需更改人签名，原始记录及导出数据、图表，必须 100% 进行校正，试验成果要正确，要求字迹清楚、图表整洁、报告完整，并有试验监测人员和计算校核人员的签名，不得抄袭他人成果。对不符合规范要求的试验结果要重新进行试验。对技能训练过程中曾出现的问题应能分析其原因，说明采用的解决办法及效果，描述技能训练过程并总结技能训练的收获与心得体会，对技能训练可提出意见及建议等。

# 参考文献

[1] 赵秀玲,李宝玉. 土工试验指导[M]. 郑州:黄河水利出版社,2010.
[2] 生青杰. 建筑行业职业道德[M]. 郑州:黄河水利出版社,2006.
[3] 张建徐. 工程勘察实验员培训教程[M]. 北京:中国建筑工业出版社,2007.
[4] 王玉珏. 土工实训[M]. 北京:机械工业出版社,2007.
[5] 中华人民共和国城乡建设环境保护部[GB 50021—2001(2009 版)]. 岩土工程勘察规范[S]. 北京:中国建筑工业出版社,2009.
[6] 中华人民共和国建设部(GB 50007—2011). 建筑地基基础设计规范[S]. 北京:中国建筑工业出版社,2009.
[7] 中华人民共和国建设部(GB 50011—2010). 建筑抗震设计规范[S]. 北京:中国建筑工业出版社,2009.
[8] 中华人民共和国建设部(SL 237—1999). 土工试验规程[S]. 北京:中国水利水电出版社,1999.

# 参 考 文 献


[1] [illegible], 2010.

[2] [illegible], 2006.

[3] [illegible], 2006.

[4] [illegible], 2007.

[5] [illegible] GB 50021—2001(2009版) [illegible], 2009.

[6] [illegible] GB 50007—2011 [illegible], 2009.

[7] [illegible] 2010 [illegible], 2008.

[8] [illegible] 1999.